Otto Krätz

Das Rätselkabinett des Doktor Krätz

Vertrieb:

VCH, Postfach 101161, D-69451 Weinheim (Bundesrepublik Deutschland)

Schweiz: VCH, Postfach, CH-4020 Basel (Schweiz)

Großbritannien und Irland: VCH (UK) Ltd., 8 Wellington Court, Cambridge CB1 1HZ (England)

USA und Kanada: VCH, 220 East 23rd Street, New York, NY 10010–4606 (USA)

Japan: VCH, Eikow Building, 10-9 Hongo 1-chome, Bunkyo-ku, Tokyo 113 (Japan)

ISBN 3-527-29391-4

Otto Krätz

Das Rätselkabinett des Doktor Krätz

VCH

Weinheim · New York · Basel · Cambridge · Tokyo

Prof. Dr. Otto Krätz
Deutsches Museum
Museumsinsel 1
D-80306 München

Das vorliegende Werk wurde sorgfältig erarbeitet. Dennoch übernehmen Autor und Verlag für die Richtigkeit von Angaben, Hinweisen und Ratschlägen sowie eventuelle Druckfehler keine Haftung.

Lektorat: Dr. Gudrun Walter
Herstellerische Betreuung: Dipl.-Wirt.-Ing. (FH) Hans-Jochen Schmitt
Illustration: Dr. Constanze Heller

Die Deutsche Bibliothek – CIP-Einheitsaufnahme

Krätz, Otto:
Das Rätselkabinett des Doktor Krätz / Otto Krätz. – Weinheim ; New York ; Basel ; Cambridge ; Tokyo : VCH, 1996
ISBN 3-527-29391-4

Gedruckt auf säurefreiem und chlorfrei gebleichtem Papier

Satz: Typo Design Hecker GmbH, D-69115 Heidelberg
Druck: strauss offsetdruck GmbH, D-69509 Mörlenbach
Bindung: Großbuchbinderei J. Schäffer, D-67269 Grünstadt
Printed in the Federal Republic of Germany

Dem Andenken
von
Joachim Rudolph

Anreger, Berater und Beschützer
bei vielen literarischen Abenteuern
in Dankbarkeit

Vorbetrachtungen eines ratlosen Rätselstellers und Verfassers von Knobeleien über eine altertümliche und doch junge Angelegenheit:

„In einem Topf von Fleisch
kocht Eisen.
Was ist das?"

In ziemlich jeder Hinsicht sind Rätsel rätselhaft! Als vor zwanzig Jahren die damalige Redaktion der Zeitschrift „Chemie in unserer Zeit" auf die Idee kam, in Rätselform gekleidete kleine historische Betrachtungen in Auftrag zu geben, schien es keineswegs ausgemacht, daß dieser Spalte ein so langes Leben beschieden sein würde. Auch war es wenig wahrscheinlich, daß einmal der Gedanke auftauchen würde, die schönsten Fragen in einem kleinen Bändchen zu vereinen.

Eigentlich handelt es sich ja nur um kurze Darstellungen aus der Geschichte der Chemie, die man ja auch ganz einfach als solche hätte erzählerisch vorstellen können. Wozu eigentlich dient die Einkleidung als Frage? Warum erhöhte und erhöht die Rätselform den Reiz der Sache?

Was eigentlich sind Rätsel?

In Nachschlagewerken findet man nur arg nüchterne Definitionen: So kommt der „große Duden" zu folgender Erkenntnis: „Umschreibende Bezeichnung eines nicht genannten Gegenstandes, den der Leser oder Hörer selbst auffinden („raten") soll ..."

In unserem Fall sind die „nichtgenannten Gegenstände" Persönlichkeiten, die sich mit Chemie beschäftigt haben, oder Chemisches, das es zu raten gilt. Schön und gut! Doch das allein kann den Reiz der Sache doch wohl nicht ausmachen! Um dem Geheimnis des Rätsels auf die Spur zu kommen, ist es da schon lohnender, sich mit dessen Geschichte auseinanderzusetzen. Dieses war für den Verfasser dieser Zeilen Anlaß, nach Jahren wieder einmal ein wundervolles Werk zur Hand zu nehmen: Johan Huizinga, „Homo Ludens. Vom Ursprung der Kultur im Spiel". Hier erfährt man schnell, warum Rätsel dem

Leser Spaß machen. Die Antwort ist ebenso banal wie frappierend. Immer schon hat die Menschheit gerne Rätsel gelöst, sie kann gar nicht anders! Seit die Menschen auf zwei Beinen stehen und gehen können, kommt ihnen die Welt rätselhaft vor – sie stellen sich und anderen Fragen: Rätsel eben. Es scheint fast so, als wären Rätsel die Urform jeglicher Literatur. Da man schon in archaischen Zeiten recht kriegerisch – oder soll man vielleicht verniedlichend sagen „sportlich“ – war, wurde schon in grauer Vorzeit das Stellen und das Lösen von Rätseln ein zuweilen recht gefährlicher Sport. In dem Kapitel „Wettstreit und Wissen“ erläutert dies Huizinga so: „... Der Drang sich als erster zu erweisen, äußert sich in so vielen Formen, wie die Gesellschaft dafür Möglichkeiten bietet ... Eine Kraftprobe, eine Prüfungsarbeit, ein Kunststück werden aufgegeben, ein Schwert ist zu schmieden, oder es sind künstliche Reime zu finden. Fragen werden gestellt, die zu beantworten sind. Der Wettstreit kann die Form eines Götterspruches, einer Wette ... oder eines Rätsels annehmen ...“

Nach Huizinga spielten Rätsel auch in den Anfängen religiöser Kulte eine entscheidende Rolle: „... Die Fragen, die die Opferpriester einander der Reihe nach oder auf eine Herausforderung hin stellen, sind im vollen Sinne des Wortes Rätsel, die der Form und der Tendenz nach dem als Gesellschaftsspiel üblichen Rätsel vollkommen gleichen. Man sieht die Funktion solcher sakraler Rätselkämpfe nirgends so deutlich wie in der vedischen Überlieferung ...“

So gesehen, erscheint die Antwort auf die Frage: was sind – oder was waren Rätsel, auf einmal recht ernst. Doch Ernst und hohes Alter sollen niemanden davon abhalten, an Rätseln Spaß zu haben.

Die ältesten uns überlieferten Rätsel kreisen um mathematische Probleme. Es sei hier abermals auf ein wundervolles Buch verwiesen: Dominic Olivastro, „Das chinesische Dreieck. Die kniffligsten mathematischen Rätsel aus 10 000 Jahren“. In diesem überaus anregenden Werk wird dargelegt, daß für einstige Zeitgenossen die „kostbaren Schätze Ägyptens“

vorzugsweise aus mathematischen Rätseln bestanden. Damit begründeten die Ägypter in grauer Vorzeit eine eigene Tradition, und so kam es, daß gerade Mathematiker bis weit ins achtzehnte Jahrhundert hinein das Rätsel als Waffe im wissenschaftlichen Wettstreit kultivierten. Es wurde durchaus üblich, in Publikationen lediglich eine Frage zu stellen oder ein Problem aufzuwerfen und dann eine oder mehrere – natürlich richtige! – Antworten zu geben, und es seinen wissenschaftlichen Widersachern zu überlassen, nachträglich Methode und Beweis zu finden. Gelang es diesen nicht, das Rätsel zu lösen, so war es keineswegs unüblich, sich über seine Widersacher lustig zu machen. Manchmal gelang dies aber nicht recht, weil die staunende Menschheit zum Beispiel bei Pierre de Fermat (1601?–1665) sehen mußte, daß zwischen Stellen eines mathematischen Rätsels und der schließlichen Lösung Jahrhunderte vergingen. Hier erleben wir das Rätsel als Teil eines Wettstreites auf höchster intellektueller Ebene.

In unserem Falle wollen wir so hoch nicht greifen.

In den folgenden kurzen Geschichten wird lediglich nach einem berühmten Wissenschaftler, einer chemischen Reaktion oder dergleichen gefragt, beziehungsweise nach einem Schriftsteller oder einem Werk, in dem ein Chemiker oder Chemisches beschrieben wurden. Es handelt sich dabei um eher harmlose Nachfahren einer alten Erzähltradition. Es sind keineswegs „Kopf-Rätsel“, womit nicht gesagt werden soll, daß die Lösung einen solchen nicht erfordern würde, sondern daß bei Nichtlösung der Frage es den Kopf des Ratenden ausdrücklich nicht kosten wird und er durch Unkenntnis sein Leben nicht verwirkt.

In alten Märchen bekam derjenige, der eine besonders schwierige Rätselnuß knackte, zuweilen die Prinzessin. Preise dieser Größenordnung auszuloben, überstiege allemal die finanziellen Möglichkeiten des VCH-Verlages. In den letzten Jahren hat die Redaktion der „Chemie in unserer Zeit“ Bücher als Preise vergeben, doch vorher war Befriedigung alles, was dem lösenden Leser geboten wurde. Da die Belohnungen also eher bescheiden ausfielen, wurden allerdings auch keine extravaganten Mogeleien bekannt. Das Aufdröseln besonders kunstvoll geknüpfter „gordischer Knoten", verbunden mit dem Versprechen, dereinst ganze Kontinente zu beherrschen, war sozusagen nie drin. Daher fand sich auch kein Alexander, der, mit seinem Schwert fuchtelnd, einen solchen Knoten martialisch zerhauen hätte.

Es sei auch etwas über die Psyche des Rätselstellers gesagt: Es macht natürlich Spaß, eine historische Begebenheit, das Leben einer berühmten und manchmal auch nicht so berühmten Persönlichkeit in ein Rätsel umzugießen. Nicht immer ist es einfach, den richtigen Schwierigkeitsgrad zu treffen, dem Leser auch manchmal einen Hinweis zuzuspielen und die Lösung trotzdem nicht zu früh preiszugeben.

Es sei durchaus eingestanden, daß dem Verfasser dieses Büchleins zuweilen auch Kritik zuteil wurde. So wurde gesagt, daß manche Rätsel ein wenig hochnäsig formuliert seien, etwa nach dem Motto: Wer diese leichte Frage nicht zu lösen vermag, sei gehalten darüber nachzudenken, ob das einstens verschwendete Schulgeld nicht einen besseren Verwendungszweck verdient hätte. Doch so ernst war es nicht gemeint. Galt es doch lediglich, zuweilen dem Leser mitzuteilen, daß die Rätsel so schwierig gar nicht zu lösen waren, wie sie aussahen. Die Lust der Leser am Rätseln wurde genutzt, um das Interesse an Chemiegeschichte zu wecken, und wie die Langlebigkeit der Spalte zeigt, ist dies vielleicht auch gelungen. Zur Verteidigung sei aber angemerkt, daß das Verhältnis zum Leser oder die Frage, wie überhaupt redet man ihn an, offenbar zu allen Zeiten ein Problem war, solange Autoren Rätsel stellten und Leser diese lösen sollten. Die seltsame Sprache der Rätselverfasser im Umgang mit dem ja meist unbekannten Leser ist so ebenfalls Teil einer alten Tradition. „Darf ich es wagen, Euch zu fragen, wie Fu-Hsi in alter Zeit die Grade der Himmelskugel ermittelt hat ..." drechselte einst in alter Zeit in scheinbarer Unterwürfigkeit ein Mathematik-Rätsel stellender Chinese. Besonders eigentümlich geschraubt pflegte Archimedes zu formulieren: „Wenn du, o Fremder, eifrig und weise bist, so errechne die Anzahl der Tiere von Helios ...“

Nun, denn!

Also! Geneigter Leser ! „Wenn Du eifrig und weise bist“, so mache Dich an die folgenden Fragen über Chemie und Chemiker. Es droht keine Gefahr! Auch wenn Du die Lösungen nicht gleich finden solltest, Du wirst Deinen Kopf nicht verlieren! Und da wir weder Königreiche noch Prinzessinnen ausloben können, wirst Du die Lösung am Ende des Bandes finden.

Übrigens: Es lohnt sich immer zu rätseln! Alkuin von York (ca. 730–804) – auch diese Weisheit verdankt der Verfasser Dominic Olivastro – Berater Karls des Großen, gab einst einem Rätselbuch den vielversprechenden Titel „Aufgaben zur Schärfung des Geistes der Jünglinge“. Es scheint so, als ob dergleichen Problemstellungen tatsächlich den intellektuellen Nachwuchs zu beflügeln vermöchten. In einem der folgenden Rätsel, in dem nach einem Nobelpreisträger der Chemie gefragt wird, heißt es in einer Laudatio: „... Ich erinnere mich in diesem Zusammenhang auch an Ihre Vorliebe für Denksportaufgaben. Wenn z. B. ein Kohlkopf und eine Ziege und ein Löwe oder so etwas ähnliches im Boot über den Fluß transportiert werden sollen; der eine frißt jedoch den anderen, und man muß nun die klügste Kombination von Fahrten herausknobeln: Solche Dinge haben Sie immer sehr begeistert ...“

Nun denn! Geneigter Leser, mache Dich eifrig und weise ans Werk!

Viel Spaß dabei wünscht Dir

Otto Krätz, Starnberg, im Winter 1995/96

(Übrigens, dies ist auch eine „rätselhafte“ alte literarische Tradition, Vorworte höchst unscharf und romantisch zu datieren, wie „Rom, im Frühling des Jahres MCIII“ oder dergleichen. Schließlich könnte man ja auch zugeben, daß heute, als die obigen Zeilen dem Computer entlockt wurden, der 21. Januar 1996 war.)

Ach ja – Die Sache mit dem Topf:

Antwort: Die Trense im Maul des Pferdes.

Inhalt

Altertümliches und Alchemistisches

Die Welt der Technik

Politisches und Weltgeschichte

Metallisches

Forscher, um den wissenschaftlichen Fortschritt ringend

Chemie im Spiegel der Literatur

Lösungen

Altertümliches
und
Alchemistisches

Der Blick in eine düstere Zukunft

Die gesuchte Figur und der Erzähler dieses Rätsels haben eines gemeinsam: Eine kaum zu zähmende Vorliebe für Marzipan: „... Nimb der süßen und reingeschölten mandeln ein pfund, zerknirsches wohl in einem marmelstainen mörser mit einem halben pfund maderischen zucker, und so du also alles miteinander wohl verstoßen hast, und ein wenig rosenwasser daruntergethan, das sie nicht ölecht werden, so mach daraus feine runde kleine wecklin oder törtlin, legs auf zarte ostien oder oblaten, und back sie in einem ofen, und nachdem sie halb gekocht oder gebacken sein, so nimb gestoßen zucker, knit ihn an mit ayrklar und ein wenig pomerantzensaft, und sich das er wohl weich sey, und so die torten gar nahet gebacken ist, so hebs aus dem ofen herauss und streich ein wenig zucker mit der feder darauff, und scheubs wiederumb in ofen, das es ein farb bekomme, und so sie gebacken ist, wirst du finden, das sie gar ein lieblichen und gutten geschmacks ist ...“

Dieses Rezept verdanken wir einem alchemistisch gesinnten, christlichen Arzt jüdischer Abkunft, den man nach jener Kirche benannte, in der sein Vater getauft worden war. 1503 hatte er in Saint Remy de Provence das Licht dieser Welt erblickt. Mit siebzehn Jahren begann er das Studium der Medizin in Avignon, das er 1525 in Montpellier vollendete. Kurz danach brach die Pest so verheerend aus, daß selbst die Professorenschaft und alle Ärzte flohen, nur der Gesuchte nicht. Ohne Furcht stand er den Pestkranken bei und wurde doch von dieser furchtbaren Krankheit nie ergriffen. Die Chronisten berichten nur, er habe ein weißes Pulver besessen, mit dessen Hilfe er die Luft gereinigt habe. Er erwarb als Pestarzt einen so guten Ruf, daß er bald auch in andere Städte geholt wurde, so nach Carcassonne, wo er auch den Bischof mit einer neuartigen Salbe heilte, die aus Lapislazuli, Koralle und Blattgold hergestellt war. Nach heutiger Vorstellung völlig wirkungslos, war sie nach der Meinung ihres Erfinders eine Medizin ohnegleichen und half auch in Lebenslagen, in die katholische Bischöfe im allgemeinen nicht zu geraten pflegen:

„... Diese Composition ... bewahrt vor Kopfschmerzen und Hartleibigkeit und stärkt die Mannheit solchermaßen, daß sich ein Mannsbild, ohne seiner Gesundheit irgend Abbruch zu tun, wahrhaftig alles erlauben kann ..." Diese Medizin war dementsprechend ein pharmazeutischer Renner. Der Gesuchte praktizierte auch in Narbonne, wo es eine größere jüdische Gemeinde gab, deren Gelehrte Alchemie und Talmud-Studien trieben. Im Oktober 1529 kehrte er an die Universität zurück, um den Doktorgrad zu erwerben. Damals bekam man für seine Prüfungsgebühren noch etwas geboten: „... Gekleidet in ihrer Tracht, im Geleit einer Musikkapelle, zog die ganze Fakultät vor sein Haus im Prozessionszug auf, geleitete ihn zur Kirche St. Firmin ... setzte ihm das viereckige Barett seines neuen Standes aufs Haupt, schob ihm einen Ring an den Finger, zog ihm einen goldenen Gürtel um die Hüften ..."

Er hätte mit seinen medizinischen Erfolgen und den damit verbundenen Einnahmen zufrieden sein können, doch er hatte eine Idee, die noch heute viele haben, wovon man sich leicht in jeder Buchhandlung überzeugen kann: Er begann seine medizinisch-chemischen Kenntnisse literarisch zu vermarkten. 1550 verfaßte er sein Buch, das so etwas wie ein Grundstein jener Wissenschaft wurde, die man in späteren Jahrhunderten „galante Chemie" nannte. Der umständliche Titel der deutschen Ausgabe läßt sofort erkennen, warum dieses Werk ein Bestseller werden mußte:

„Des weltberühmten, hocherfahrenen Philosophi, Astrologi und Medici ... zwey Bücher, darinnen wahrhaftiger, gründlicher und vollkommener Bericht gegeben wird, wie man erstlich einen ungestalten Leib an Weib- und Mannsperson außwendig zieren, schön und jungschaffen machen, und allerley wohlriechende, köstliche, krefftige Wasser, Pulver, Öl,

Seyffen, Rauchkerzlin, Bisamkugeln zu mancherley Gebrechen dienstlich, artlich zubereyten, und wie man folgents allerley Frücht auff das künstlichst und lieblichst in Zucker einmachen und zur Notturft aufbehalten soll." Hier wurden: „... wohlriechende, gar köstliche Pomaden und Pulvern ..." ebenso angeboten wie: „... Pulvern die Zähn zu seubern und weiß zu machen, desgleichen ein wohlriechender Athem in gar wenig Tagen, daß sie werden wie Helfenbein, sie seien so schwarz als sie wollen ..."

Einige Rezepte waren ein wenig roh, was den Nachruhm des Gelehrten in seriösen Chemiegeschichten ziemlich mindert. Besonders der Chemiehistoriker Partington hatte kein Verständnis für die bleichende Wirkung konzentrierter Säuren auf Haut und Haare und wollte sich auch nicht recht mit der zahnreinigenden Wirkung von gestoßenem Fensterglas anfreunden, wiewohl bei hinlänglichem Gebrauch die Wirkung ja kaum zu bestreiten ist. So gab es interessante Rezepte für Gesichtswasser, Haartinkturen, Haarfärbemittel und sonstige Kosmetika. Aber auch Zucker war damals eine Medizin, die noch obendrein gut schmeckte, und die sich zu schönen Speisen verarbeiten ließ. So wurde unser Arzt zum Erfinder einzigartiger Konfitüren-Rezepte und, was das Beste war, diese halfen gleichzeitig auch gegen besonders heikle Krankheiten. Das herausragende Nonplusultra dieser Sammlung war Ingwerkonfitüre: „... für junge Frauen, die wegen Unterkühlung der Gebärmutter nicht empfangen können ... Mehr noch nützt es Männern, die ihren natürlichen Pflichten nicht mehr nachkommen können ..."

Doch auch die Herausgabe jährlicher Almanache füllte unseren Arzt immer noch nicht aus. Er trieb zusätzlich physiologische Studien und nutzte dabei den eigenen Körper als Versuchsobjekt. Besonders hatten es ihm die Extrakte amerikanischer Kakteen angetan, die einem, besonders wenn man gleichzeitig die Füße in warmes Wasser stellt, eigenartige Empfindungen im Kopf bescheren. Unserem Arzt gefiel dies sehr wohl. Sein Verbrauch an Kakteen und heißem Wasser wurde im Laufe der Zeit ganz beachtlich. Seine Zeitgenossen beschrieben ihn als einen stets fröhlichen Menschen und die Kakteen trugen dazu sicher nicht wenig bei. Bald verfiel er darauf, seine Rauschvisionen aufzuzeichnen, sie astrologisch zu überprüfen und, in poetische Sprüche gekleidet, seinen erstaunten Zeitgenossen aufzutischen. Berühmt ist folgendes Zitat: „... Mehr als 11mal wird Luna (das Silber) die Sonne (das Gold) nicht annehmen wollen. Zuerst nimmt alle Materie zu, dann wieder ab, und so gerät man in Schulden, daß man nur wenig Gold prägen kann. Hunger und Tod folgen, wenn erst das Geheimnis gelüftet ist ..." Man hat es als Prophezeiung für das Ende der klassischen Alchemie gedeutet. Das Ende unseres Arztes war extravagant wie sein Leben. Er sagte Stunde und Tag seines Todes voraus: den 2. Juli 1566 – in Salon. Er ließ sich aufrechtstehend bestatten.

Ein spleeniger Gentleman

Abgesehen davon, daß er tatsächlich sehr schlecht sah und von Nierensteinen geplagt wurde, war er ein ausgesprochener Hypochonder: Er lebte streng nach den Regeln einer komplizierten, von ihm selbst ausgetüftelten und nicht gerade sehr appetitanregenden Diät. Dementsprechend mager war seine große Gestalt, das Gesicht wirkte blaß und ausgemergelt. Ständig führte er ein Thermometer bei sich, mit dem er in regelmäßigen Abständen Raum- und Körpertemperatur maß, um seine Kleidung genauestens auf beide abstimmen zu können. Nachdem ihm einmal ein Arzt ein falsches Rezept ausgestellt hatte, war er allen Ärzten gegenüber von höchstem Mißtrauen erfüllt und verließ sich fortan nur noch auf seine selbst gesammelten Rezepturen, die oft genug recht seltsam und von zweifelhafter Herkunft waren. Diese erprobte er dann an sich und seinen bedauernswerten Freunden. Entsprechend seiner ausgeprägten Sammelleidenschaft, seiner Hypochondrie und hervorragenden Beobachtungsgabe machte er sich um die Standardisierung von Pharmaka verdient und führte folgerichtig auch den Begriff „Pharmakologie" in die Wissenschaft ein.

Seine erste Veröffentlichung war anonym, was verständlich erscheint, da es sich um eine Autobiographie handelte, in der er als junger Mann sein Leben unter getreulicher Aufzeichnung aller seelischen Kämpfe und religiösen Eindrücke offen schilderte. Auch das zweite Werk war eine religiöse Betrachtung, die aus persönlichen Erlebnissen – in erster Linie der Auflösung eines frühen Verlöbnisses – heraus entstand. Die meisten seiner zahlreichen theologischen Schriften faßte er in Form fiktiver Briefe unter Verwendung symbolträchtiger Decknamen ab. Das Titelblatt eines 1682 in deutscher Sprache erschienenen Werkes lautet: „Himmlischer Liebes Trumpf oder kurtze Anleitung, wie ein Christe, in Betrachtung der unzehlbaren Wohltaten, herrlichen Eigenschaften Gottes; wie auch in Erwegung der unbeständigen Vollkommenheit und vollkommenen Unbeständigkeit aller irdischen Ding, und Schönheit sein Hertz von diesen abreissen, und jenem einzig und allein widmen könne und solle." Zur Beschäftigung mit der „unbeständigen Vollkommenheit" der irdischen Dinge, aus der heraus man den Schöpfer erkennen kann, gehörte für den Verfasser die Naturwissenschaft. Dieser widmete sich der wohlbetuchte Privatgelehrte ausgiebig und mit verehrungswürdigem Erfolg in einem Laboratorium, das er sich auf seinem hübschen Landsitz eingerichtet hatte, wo er das stille und zurückgezogene Leben eines etwas spleenigen Adligen führte.

Das Studium seiner naturwissenschaftlichen Werke ist für uns Nachgeborene allerdings beschwerlich, da der Verfasser zur Unordnung neigte. So reichte er oft während des Druckes größere Einschübe und Anhänge nach, was zur Folge hatte, daß es nur wenige Exemplare seiner zahlreichen Bücher gibt, die seine Abhandlungen in der richtigen Reihenfolge mit einwandfreier Paginierung enthalten. Außerdem weigerte er sich grundsätzlich, die Korrekturfahnen zu lesen. Fast in jedem Vorwort entschuldigte er sich, daß er wegen seines Augenleidens oder seiner Nierensteine die Korrekturen nicht gelesen habe. Irgendwie kam ihm auch stets ein Teil seiner Unterlagen und Aufzeichnungen abhanden. Einmal gab er sogar einen eigenen kleinen Sonderdruck heraus, in dem er sich – etwas voreilig – bei seinen Lesern und Freunden dafür entschuldigte, daß sie in Zukunft überhaupt keine Veröffentlichungen mehr von ihm zu lesen bekommen könnten, da während seiner längeren Abwesenheit von zu Hause die schriftlichen Unterlagen zu einigen hundert Experimenten auf unerklärliche Weise verschwunden seien, und über den Rest der Papiere habe sein Gehilfe aus Versehen konzentrierte Schwefelsäure gegossen.

Immerhin blieben doch noch genügend von seinen Schriften erhalten, um ihm einen Platz im Olymp der großen Naturwissenschaftler des Abendlandes zu sichern. Und dort sitzt er nicht etwa, weil er als erster auf die Idee kam, Papierstreifen mit Indikatorlösung zu tränken, zu trocknen und als Indikatorpapier zu benutzen, oder weil er die so ungemein interessante Beobachtung machte, daß das Aufkochen von Wasser unter dem Rezipienten der Luftpumpe gerade so lange dauert wie das Aufsagen eines Vaterunsers.

Ein geplagtes Genie

Seine Freunde, und nicht nur diese fanden ihn – gemeint ist einer der glänzendsten Sterne am Himmel der Naturwissenschaften – reichlich eigenartig und wähnten, er habe: „... eine Verwirrung im Kopfe oder im Gemüth, oder in beiden zugleich ...“ Der Gesuchte teilte diese Ansicht sogar: „... denn ich bin sehr über die Verwirrung in der ich mich befinde, beunruhigt und habe seit zwölf Monaten weder gut gegessen noch geschlafen noch meine vorige Geistesfestigkeit wieder erlangt ...“

Was war passiert? Kein geringerer als Ch. Huygens informiert uns darüber: „... Den 29. Mai 1694 benachrichtigte mich Colin, ein Schottländer, daß 18 Monate zuvor der berühmte ..., entweder in Folge seines allzusehr angestrengten Fleißes in seinen Studien oder aus übermäßigem Gram, daß er sein chemisches Laboratorium und mehrere Handschriften verloren hat, wahnsinnig geworden wäre. Als er zum Erzbischof von Canterbury kam, machte er einige Bemerkungen, die von Geistesabwesenheit zeugten. Unverzüglich trugen für ihn alle Freunde alle Sorgfalt, indem sie ihn auf seine Wohnung beschränkten und Hilfsmittel anwendeten, wodurch er nun soweit wieder hergestellt war, daß er die ... [im Original folgt nun ein Buchtitel, den man nicht verraten kann, sonst hörte dieses Rätsel auf, eines zu sein; übrigens ein Buchtitel des Gesuchten selbst] zu verstehen anfing ...“

Diese Textstelle illustriert den guten Rat für experimentelle Chemiker, daß es allemal geraten ist, Kopien der Laborjournale außerhalb des Labors aufzubewahren, wenn man seine seelische Gesundheit nicht leichtfertig aufs Spiel setzen will!

Auch im Brief eines Studenten vom 3. Februar 1692 heißt es, er habe gehört, daß es bei dem Gesuchten gebrannt habe: „Aber als er aus der Kapelle kam und sah, was geschehen war, dachte jeder, er würde toll werden, er wurde darüber so beunruhigt, daß er einen Monat lang nicht mehr derselbe war ..." Ein weiterer Zeitgenosse führte über dieses Ereignis aus: „... Er schrieb auch eine chemische Abhandlung, welche die Grundlage dieser geheimen Kunst auf Grund experimenteller und mathematischer Beweise erklärt; er schätzte dieses Werk sehr, aber es ist unglücklicherweise in seinem Laboratorium bei einem Brand vernichtet worden. Er hat sich nie mehr mit dieser Arbeit befaßt, was sehr bedauerlich ist ..."

Vermutlich sah der Gesuchte, der auf seine Weise ganz außerordentlich fromm war, in diesem Laborzwischenfall ein Zeichen des Himmels, das Werk nicht zu veröffentlichen. Trotzdem wissen wir über sein chemisches Treiben recht gut Bescheid. In seiner Jugend hatte er eine zeitlang bei einem Apotheker gelernt, und man sagt, er habe sich rasch zurechtgefunden und mit Leichtigkeit Rezepturen zusammengestellt. In den Archiven haben sich Bestellzettel seiner Chemikalien erhalten, so wissen wir, daß er sich 1669 Salpetersäure, Quecksilbersublimat, Antimon, Salpeter und Alkohol besorgte. Daß er sich seine Laboratoriumsöfen selbst aufbaute, überlieferte uns einer seiner Gehilfen: „... Seine Ziegelöfen baute und änderte er selbst – als ob er dazu geboren wäre, ohne einen Maurer zu bemühen ... Er ging sehr selten vor zwei oder drei Uhr zu Bett, manchmal nicht vor fünf oder sechs, lag vier oder fünf Stunden, besonders im Frühling und beim Fall des Laubes, zu welchen Zeiten er gewöhnlich sechs Wochen in seinem Laboratorium verbrachte, wo das Feuer selten bei Nacht oder Tag ausging; er saß eine Nacht auf und ich die andere, bis er seine chemischen Experimente beendet hatte, in deren Durchführung er überaus genau, streng und exakt war ..."

Einige seiner Forschungsziele sind uns bekannt, so ging es ihm um möglichst korrosionsfreie optische Metallspiegel. Er selbst schrieb darüber: „... Anfangs schmolz ich reines Kupfer, dann fügte ich Arsen hinzu, und nachdem ich es nochmals geschmolzen hatte, vermischte ich alles, indem ich mich hütete, den giftigen Rauch einzuatmen. Dann fügte ich Zinn hinzu, und nach einer sehr schnellen Schmelzung schmolz ich alles erneut. Hiernach goß ich sofort alles aus ..."

Es ist nicht zu leugnen, der Gesuchte war Alchemist, und wie es sich für einen solchen gehört, hat er uns Texte hinterlassen, die sprachlich schön sind, aber gleichzeitig schwer verständlich: „... Löse den grünen geflügelten Löwen in sale Centrale der Venus auf, und das Destillierte ist der Geist des grünen Löwen, das Blut des grünen Löwen ist Venus; der babylonische Drache, der alles durch sein Gift tötet, ist dennoch von den Tauben der Diana durch Besänftigung besiegt, ist Quecksilber. Neptun mit dem Dreizack führt die Philosophen in den Garten der Wahrheitssucher ein. Also ist Neptun ein wäßriges Minerallösungsmittel ..."

Solche Passagen haben nicht wenige Exegeten heraufbeschworen, von denen einer oder genauer gesagt eine, ein Werk verfaßte unter dem hübschen Titel: „Die Jagd nach dem grünen Löwen". So soll der grüne Löwe aus dem Roherz des Antimon bestehen, aus dem der Gesuchte über das reine Antimon, den Antimonregulus, und reines Quecksilber den „philosophischen Merkur" herstellte. Die erfolgreichen Zwischenstufen dieses Weges veranlaßten den Gesuchten in einem Laborjournal zu Bemerkungen wie: „Ich habe das Bild des Dreizacks verstanden." „Ich habe das philosophische sal armoniacum gesehen." „Ich habe Jupiter auf seinem Adler fliegen lassen." Die den grünen Löwen besänftigenden, von den Armen der Venus gehaltenen Tauben wurden zu der neutralisierenden Wirkung von Laugen und Säuren in Parallele gesetzt. Selbstverständlich wollte der Gesuchte auch das „große Werk" vollenden und den „Stein" herstellen. Schenkt man seinem Laborjournal Glauben, so gelang es ihm auch.

Persönlich war er schwierig und ängstlich. Schon mit dreißig glich die Farbe seiner Haare der des Quecksilbers, mit dem er viel experimentierte. Seine Qualitäten als Gastgeber waren bescheiden. Er galt als geizig, die Mahlzeiten, die er seinen Gästen reichen ließ, waren abscheulich, und die Weine aus Palma oder Madeira waren ihm von anderen zuvor geschenkt worden. Der Gedanke, Wein selbst einzukaufen, hätte ihn sehr befremdet. Berühmte Gäste durften ihn in die Royal Society begleiten.

Ein großer Philosoph und eine Dame von herber Schönheit

Zwar streiten sich noch heute die Historiker, welcher Art beider Beziehungen wirklich waren, doch in ihrer Epoche galten sie als das große Liebespaar des Jahrhunderts: der große Philosoph und die verheiratete Marquise. Auch über die Schönheit der Dame stritten sich schon die Zeitgenossen. Die eigene Familie hatte zunächst nichts Besonderes an ihr entdeckt. Ihr Vater schilderte sie als junges Mädchen so: „... Sie hat Kräfte wie ein Holzfäller und ist unglaublich ungelenk. Ihre Füße sind sehr groß, doch man vergißt sie, wenn man die enormen Hände sieht. Die Haut ist rauh wie ein Reibeisen – kurz sie ist häßlich wie ein Bauernknecht aus der Gascogne im Königlichen Leibregiment. ..." Doch verstand sie wohl, das Beste aus ihrem Typ zu machen, denn ihr Freund schrieb später über sie: „... Sie ist die göttliche Geliebte – ausgestattet mit Schönheit, Witz und Mitgefühl ... Doch wünschte ich, sie wäre weniger gelehrt, ihr Geist weniger scharf und ihr Verlangen nach Liebe weniger unmäßig; und vor allem wäre ich glücklich, wenn sie zuweilen den Wunsch und die Fähigkeit hätte, den Mund zu halten ..." Den Anfang dieses erstaunlichen Verhältnisses hat unser Philosoph später so geschildert: „... Im Jahre 1733 lernte ich eine verheiratete junge Dame kennen, die den Entschluß faßte, mit mir zu kommen und einige Jahre auf dem Lande zu verbringen, um dort ihren Geist weiter zu entwickeln, fern von den lärmenden Geschäften der Welt ... Alle Gedanken und Aufmerksamkeit verwandten wir auf Leibnitz und Newton ..." Sie verfaßte ein gewaltiges Werk über Leibnitz und einen algebraischen Kommentar zu Newton. Darüber hinaus trieben die beiden in einem einsam gelegenen französischen Schloß nahe der Lothringer Grenze auch eigene Forschung. So schrieb unser Philosoph 1737 einen Brief an den

Abbé Moussinot wegen eines jungen Gelehrten, der bei den Experimenten zur Hand gehen sollte: „... Er wird hier volle Freiheit haben, dazu bequeme Räume, gutes Essen und reichliche Gelegenheit, seine Begabung für Chemie zu pflegen. Aber es ist notwendig, daß er im Stande ist, die Messe zu lesen." Zwar dauerte das Verhältnis der beiden eineinhalb Jahrzehnte, doch stritten sie oft. So erheiterte es die Öffentlichkeit, daß sich beide unabhängig voneinander – und sie hinter seinem Rücken – um einen Preis der Akademie der Wissenschaften bewarben, mit Arbeiten über die Natur des Feuers. Zwar erhielt keiner von ihnen einen Preis – 1. Preisträger wurde ein Jesuitenpater –, aber beide Essays wurden zusammen mit denen der Preisträger veröffentlicht. Wenn es auch der Marquise nicht gelang, eine brauchbare Theorie des Feuers zu entwickeln (erst Lavoisier gelang auf diesem Gebiet Jahrzehnte später ein entscheidender Fortschritt), so war sie doch die erste, die die Behauptung aufstellte, daß Lichtstrahlen verschiedener Farben verschiedene Wärmegrade hervorrufen. Aber da die Halessche Wanne noch nicht erfunden war, war es schwierig den Anteil der Luft bei der Verbrennung zu bestimmen.

So blieb es ihr unbegreiflich, daß Feuer die Körper leichter macht, indem es ihr spezifisches Gewicht mindert, daß aber die Metalle bei hinreichender Temperatur schwerer werden, indem sie verkalken. Auch der Zusammenhang zwischen der Bewegung der kleinsten Teilchen und der Temperatur war schwer zu fassen: „... Eine Mischung aus Ammoniaksalz und Vitriolöl ergibt eine Gärung, die das Thermometer sinken läßt, aber wenn man einige Tropfen Weingeist dazugibt, hört die Gärung auf und die Mischung erwärmt sich und treibt das Thermometer in die Höhe. Dies ist also ein Fall, indem da die Bewegung vermindert wurde, die Wärme zugenommen hat ..." Der Hauptgegenstand ihrer chemischen Bemühungen war der Spießglanzkönig und sein Verhalten im Feuer. Auch fand sie, daß es kaltes Licht oder Feuer gibt. Und offensichtlich war sie die erste, die einen Leuchtkäfer unter Wasser stupste und fand, daß er weiter leuchtete und sich sein kaltes Licht auf diese Weise nicht löschen ließ.

Doch wer sich die Freundin unseres Philosophen als eine Art frühen Blaustrumpf vorstellt, der geht fehl. Ein Besucher schilderte sie einst bei der Arbeit: „... Die Hausherrin saß an ihrem Arbeitstisch in einem dichtverschlossenen Raum ... Der Tisch war überladen mit Büchern, Berechnungen, Zetteln mit mathematischen Formeln. Sie sah auf den ersten Blick so aus, als sei sie für den Hofball gekleidet. Diamanten schimmerten an den Fingern, Handgelenken und an dem sehr tiefen Ausschnitt des eleganten Brokatgewandes – er war so tief, daß ... Die Finger voller Tintenflecke und das Haag hing ihr lose und ungeordnet auf den Rücken ...“

Auch im privaten Bereich galt sie als erfinderisch. Damals mußte man sich als Aristokrat bei Tisch bedienen lassen. Da ihr das lästig war, erfand sie das Tischlein-deck-dich und den Speiseaufzug und dinierte ohne Lakaien.

Wer war diese außergewöhnliche Frau, die den größten Philosophen ihrer Epoche dazu gebracht hat, sich auch mit Chemie zu beschäftigen? Und wie war der Name dieses Philosophen?

Eine Flasche als Denkmal

„... Warum sollte man versuchen, wie ein Pekinese auszusehen, wenn man ein Windhund ist? ...“ Diese interessante Frage legte sich die große englische Dichterin, Dame Edith Sitwell (1887–1964), vor, als sie sich in einigen ihrer Prosawerke mit dem Problem des „spleen“ auseinandersetzte, und gelangte dabei zu folgendem Schluß: „Exzentrik ist nicht, wie langweilige Leute uns glauben machen wollen, eine Form von Verrücktheit, sondern oft eine Art unschuldiger Stolz. Geniale und aristokratische Menschen werden häufig als exzentrisch betrachtet, weil das Genie wie der Aristokrat vollkommen unerschrocken und unbeeinflußt sind von den Meinungen und Launen der Masse ...“

Aus dieser bemerkenswerten Geisteshaltung schuf sie ein eigenartiges Werk von skurrilem Humor: „Englische Exzentriker. Eine Galerie höchst merkwürdiger und bemerkenswerter Damen und Herren“. Stolz dürfen wir feststellen, daß auch einige Chemiebeflissene für wert befunden wurden, hier aufgenommen zu werden: So der Gesuchte, den wir mit seinem echten Vornamen Peter nennen wollen – dies darf man verraten, denn hierzulande kennt ihn so gut wie niemand, obwohl eine Apparatur, die wirklich jeder Chemiker benutzt, seinen Nachnamen trägt. Peter gilt als der letzte wahre Gläubige der Alchemie in England und lebte von 1727 – dieses Datum ist übrigens umstritten – bis 1803 und war wahrscheinlich irischer Abstammung. Wovon er seinen Lebensunterhalt bestritt, ist ziemlich unklar. Das erste, was die wissenschaftliche Welt von ihm hörte, war 1766 die Entdeckung von gediegenem Zinn bei mineralogischen Studien in Cornwall, die offenbar für soviel Aufsehen sorgte, daß er bereits im folgenden Jahr in die Royal Society gewählt wurde. Genau am 18. November 1767 sandte er eine Veröffentlichung an die „Philosophical Transactions“: „Experiments on the Distillation of Acids, Volatile Alkalis, &c.“, in der er einen Apparat beschrieb, der seither bis heute seinen Namen trägt, übrigens ein wenig zu Unrecht, denn zuerst beschrieb ihn bereits 1689 R. Glauber. Doch wie leistungsfähig das Ding wirklich war, das zeigte eben erst unser Peter bei der Darstellung von „hydrochloric ether“, indem er gasförmigen Chlorwasserstoff durch Ethylalkohol schickte. Nach Meinung seiner begeisterten Zeitgenossen begründete dieser einfache Apparat so etwas wie eine neue Epoche chemischer Entdeckungen, da zuvor keine befriedigende Methode bekannt war, konzentrierte Lösungen flüchtiger Gase zu gewinnen oder unlösliche Gase von löslichen Verunreinigungen zu trennen. Daraufhin verlieh ihm die Royal Society 1768 die „Copley Medal“. 1771 beschäftigte er sich mit der Darstellung und der Analyse von „mosaic gold“ (Zinnsulfid) und fand heraus, daß beim Quälen von Indigo oder anderer organischer Farben mit starker Salpetersäure zuweilen ein seltsamer gelber Niederschlag entsteht, von dem wir heute wissen, daß es sich um Pikrinsäure handelte. Solche und ähnliche Untersuchungen wurden abermals von der Royal Society belohnt: Der Präsident und der Council nominierten ihn: „... to prosecute discouveries in natural history, persuant to the will of Henry Baker“. Hinter dieser Auszeichnung verbarg sich eine Art Forschungs-Stipendium. Rein äußerlich war dies die erfolgreiche Laufbahn eines Privatgelehrten. Die Zeitgenossen wunderten sich mehr über Peters mangelnden Ordnungssinn: „... Er hatte mehrere Zimmer in Barnard's Inn in Holborn gemietet, während er in London wohnte und den Sommer gewöhnlich in Paris verbrachte. Diese geräumigen Zimmer waren so sehr mit Öfen und Apparaten gefüllt, daß es schwierig war, bis zu seinem Kamin vorzudringen. Ein Freund hat mir erzählt, daß er einmal seinen Hut irgendwo hinlegte und ihn niemals wiederfinden konnte – so groß war das Durcheinander von Kisten, Kästen und Paketen, die im Zimmer herumlagen ...“

Den Zeitgenossen kam auch sein soziales Verhalten etwas überraschend vor: „... Sein Frühstück nahm er um vier Uhr morgens ein; ein paar auserwählte Freunde wurden gelegentlich zu dieser Mahlzeit eingeladen und nur auf ein geheimes Zeichen hin – eine bestimmte Anzahl Schläge auf die innere Tür seiner Wohnung – eingelassen ...“ Aber auch diese „ausgewählten“ Freundschaften hielten nicht besonders lange. „... Wann immer er eine Bekanntschaft aufgeben wollte oder sich beleidigt fand, gab er seinem Groll über das angebliche Unrecht Ausdruck, indem er dem, der ihn gekränkt hatte, ein Geschenk zusandte und ihn danach nie wieder sah. Diese Geschenke waren manchmal von sonderbarer Art und bestanden gewöhnlich aus irgendeinem kostspieligen chemischen Erzeugnis oder Präparat ...“ Lange und vergeblich hatte er nach dem großen Elixier geforscht, und er glaubte allen Ernstes, daß es gerade mit seinem Apparat gelingen müsse, die „mercurial and colouring“ Erden J. J. Bechers zu finden, was keinem Alchemisten je geglückt war. Seine Apparaturen beschriftete er mit flehentlichen Bitten an seinen Schöpfer um alchemistischen Erfolg und für das Wohlergehen des Adepten.

War er krank, so pflegte er nicht etwa einen Arzt aufzusuchen, sondern er behandelte sich selbst mit einer wahrhaft heroischen Medizin: Wenn er sich ernsthaft unwohl fühlte, so nahm er die Postkutsche nach Edinburgh, und wenn er diese Stadt erreicht hatte, kehrte er postwendend nach London zurück. Er muß dem Schaukeln der Kutsche und dem Rattern der Räder irgendeinen therapeutischen Effekt zugeschrieben haben. Immer hat es funktioniert, aber nicht beim letzten Mal. 1803 zog er sich auf diese Weise eine Lungenentzündung zu, von der er nicht mehr genas: „... Auf seinen Wunsch hin schloß seine Wäscherin seine Zimmer ab ...“, so berichtete der Verwalter von Barnard's Inn, „und ließ ihn allein, aber sie kam gegen Mitternacht – als er noch lebte – noch einmal zurück. Am nächsten Morgen aber fand sie ihn tot vor. Seine Gesichtszüge waren ruhig und heiter, und offensichtlich saß er noch in genau der gleichen Stellung in seinem Sessel, wie sie ihn verlassen hatte ...“

Ein scharfzüngiger Physiker treibt Chemisches

Der Gesuchte war und ist heute noch sehr berühmt. Sein wohl bekanntester Ausspruch beginnt: „Rousseau hat, glaube ich, gesagt: ein Kind das bloß seine Eltern kennt, kennt auch die nicht recht. Dieser Gedanke läßt sich auf viele andere Kenntnisse ... anwenden ..."

Er war Professor der Physik zu einer Zeit als man darunter noch die Naturwissenschaften schlechthin begriff. Moderne Chemiedidaktiker wird es furchtbar erschrecken: Er war ein geradezu glühender Verteidiger von geräuschvollen Schauexperimenten: „Ein physikalischer Versuch, der knallt, ist allemal mehr wert als ein stiller, man kann also den Himmel nicht genug bitten, daß wenn er einen etwas will erfinden lassen, es etwas sein möge, das knallt. Es schallt in die Ewigkeit."

In konsequenter Verfolgung dieses erhabenen Gedankens wurde er zum Erfinder der Knallgasgebläseflamme bzw. einer Art Flammenwerfer: „... Das Äther-Feuerwerk nicht zu vergessen. ... Büchse mit einem Schwamm mit Äther befeuchtet. (Erg.: Dahinter eine) Blase. Besser meine Kondensier-Pumpe, der Hahn mit verschiedenen Öffnungen, die den Äther-Dunst durchlassen und mit einem Licht ansteckbar sind ... Vielleicht wäre es gut, in die Blase dephlogistierte Luft oder inflammable zu bringen ..." Und ein wenig später heißt es in seinen Aufzeichnungen: „Eine Maschine, die zugleich inflammable und dephlogistierte Luft speit (d. h. Knallgas), in einem Strahl oder 2 Maschinen die so gestellt werden können ..."

Der Gesuchte lebte in jenen glücklichen Zeiten, in denen die Chemie der Gase aufblühte und sich unerwartete Entdeckungen nur so häuften: „Wer jetzt über die Luftarten schreibt, kann immer schon voraus auf die Zusätze verweisen, ob er gleich noch nicht weiß, was hinein kommen wird. Dies hat Macquer (Anm.: ein damals berühmter Verfasser von Handbüchern) bei dem Artikel „Gas“ getan.“

In seinen Aufzeichnungen findet sich ein frühes, aus französischen Quellen übernommenes Rezept zum Auftragen dünner Gummischichten: „... Es heißt da Caoutchouc, und Harz von Cayenne. Es ist in Spiritus Vini ganz unauflöslich, einige Öle lösen es zwar auf, allein es bleibt weich. Es löst sich in feinstem Äther auf und man kann davon machen, was man will. Um guten Äther zu erhalten, muß man 8 Pfund vom besten Äther, wie er verkauft wird, bei gelinder Wärme wieder rektifizieren und die 2 ersten Pfunde, die übergehen, zur Solution des Harzes behalten. Man schneidet das Harz in sehr kleine Stücke und gießt Äther darauf, daß er etwa 2 Finger hoch darüber steht, verwahrt die Bouteille gut, in zwölf Stunden ist es aufgelöst, man darf es nur zuweilen etwas schütteln ...“

Man kann es diesem eher schlichten Rezept nicht so ohne weiteres ansehen, daß gerade es dazu beitrug, einen uralten Menschheitstraum zu verwirklichen: „Die Welt muß noch nicht sehr alt sein, weil die Menschen noch nicht fliegen können.“ Mit Gummi auf Taft oder Seide wurden damals die Hüllen der Luftballone hergestellt, in deren Geschichte der von uns Gesuchte eine gewisse Rolle spielte, wenn es ihm selbst auch nie vergönnt war, selbst zu fliegen. Als einer der ersten, vielleicht sogar vor Joseph Black, war ihm der Gedanke gekommen, mit Wasserstoff gefüllte Seifenblasen fliegen zu lassen. Aber er hatte es versäumt, den zugrunde liegenden Gedanken bis zu einer menschentragenden „Maschine“ weiter zu entwickeln. Doch hielt er bald den Rekord bei besonders kleinen Luftballonen, deren Hüllen er aus dem Amnium von Kälbern herstellte. Er ging sogar so weit, sich von einer Hebamme menschliches Amnium geben zu lassen. Einer seiner Luftballonversuche wird heute noch oft gezeigt. Eines Tages war durch ein Versehen von ihm ein einziges Luftballönchen hergestellt worden, so klein, daß es nicht fliegen wollte: „Er stieg also nicht, sank aber so langsam nieder, daß mir einfiel, ob er nicht auf einer etwas schwereren Luft würde liegen bleiben.

Zum Glück war eine große Flasche voll fixer Luft (CO_2) bei der Hand ...; diese wurde in ein weites gläsernes Gefäß gegossen, als ich nun den kleinen Luftballon in dieses Gefäß warf, so schwebte er mitten in demselben, ohne die Seitenwände zu berühren ... (Wir) haben hier einen freischwebenden Körper, der wieder steigt, wenn man ihn abwärts drückt, und wieder sinkt, wenn man ihn hebt."

Es waren aber nicht nur seine chemischen und physikalischen Erfolge, die ihn berühmt machten. Noch heute gelten viele seiner von eigenartigem Humor getragenen Werke zu den Perlen der deutschen Literatur: „Nonsens ist in der Tat etwas sehr Betrübtes, und ein Professor, der welchen schreibt, sollte freundlich auf Pension gesetzt werden." Zu unserem Glück machten seine Vorgesetzten von dieser Anregung keinen Gebrauch: „Es ist nicht zu leugnen, daß das Wort Nonsense, wenn es mit gehöriger Nase und Stimme ausgesprochen wird, etwas hat, das selbst den Wörtern Chaos und Ewigkeit wenig oder nichts nachgibt ..." Dementsprechend ist es heute noch von hohem Reiz, seine Betrachtungen über seine Zeitgenossen zu lesen, z. B. seine Lösung der Frage, woran erkennt man Chemiker: „Leute die ihre Briefe mit grünem Siegellack siegeln, sind alle von einer eigenen Art, gewöhnlich gute Köpfe, die sich selbst zuweilen mit chemischen Arbeiten beschäftigen und wissen, daß es schwer ist, grünen Siegellack zu machen." Seinen Professorenkollegen riet er, von Bosheit voll, ihre Publikationen zu Papiermaché zu verarbeiten und daraus ihre Büsten fertigen zu lassen. Zuweilen war es für seine Kollegen schon recht schwer, ihn zu ertragen: „Könnten nicht die Weiber der Gelehrten die alten Schreibfedern auf den Hüten tragen und die Stuben mit ihrer Makulatur tapezieren ..." In eine ähnliche Richtung liefen seine Betrachtungen zu den Umweltproblemen seiner Zeit: „Die Wälder werden immer kleiner, das Holz nimmt ab, was wollen wir anfangen? O zu der Zeit, wenn die Wälder aufhören, können wir sicherlich so lange Bücher brennen, bis wieder neue aufgewachsen sind."

Die Welt
der
Technik

Ein vielseitiger Erfinder

Es war einmal ein in Fremdsprachen, Naturwissenschaften und Recht sehr bewanderter junger Mann in der zweiten Hälfte des 18. Jahrhunderts, der in London und später wieder in Glasgow lebte, unentwegt mit unermüdlicher Ausdauer las, wenn er nicht gerade in seiner Werkstatt arbeitete, zu deren Ausgestaltung der berühmte Chemiker Joseph Black (1728–1799) einmal einen Kredit über die enorme Summe von 1000 Pfund Sterling gegeben hatte. Dank exorbitanter wirtschaftlicher Erfolge konnte dieser Kredit mühelos zurückbezahlt werden. Zu den Gönnern unseres jungen Mannes gehörte auch der Nationalökonom Adam Smith (1723–1790). 1779 erfand der junge Mann etwas, das merkwürdigerweise nicht unter seinem Namen in die Geschichte einging, obwohl ganze Generationen von Bürokraten ihm dafür Dank schuldeten, die Kopiertinte und die Kopierpresse. Diese Tinte hatte die Eigenschaft, leicht angefeuchtet, beim Pressen eines beschriebenen Blattes in der gewaltigen Kopierpresse wieder auszugehen und so die Schrift auf die Vorderseite eines zweiten Blattes zu übertragen, allerdings spiegelverkehrt. So konnte man teure Kopisten, die vorher jedes Stück der Korrespondenz von Hand abzuschreiben hatten, einsparen. Der Nachteil dieses Verfahrens lag darin, daß auf diese Weise die Schriftzüge des Originals notwendigerweise geschwächt wurden und die Kopien auf fast durchsichtigem Papier angefertigt werden mußten, denn man konnte die Schrift seitenrichtig nur auf der Rückseite, sozusagen durch das Papier hindurch lesen. War die Kopie schlecht geglückt, so mußte man sie zum Lesen gegen die Sonne halten. In dieser Form war das Kopierverfahren über 150 Jahre im Gebrauch. Übrigens erfand er ebenfalls 1779 einen neuen Zement „of iron filings; sulphur and sal ammoniac." Bemerkenswert war auch seine Rolle in einem in seiner Zeit sehr wichtigen und berühmten chemisch-technischen Patentprozeß. Damals kannte man zunächst in der Textilindustrie nur die Rasenbleiche, die sich selbstverständlich nur in der besseren Jahreszeit zufriedenstellend anwenden ließ. So kam es, daß sich nach der Entdeckung des Chlors und seiner bleichenden Eigenschaften viele auf die technische Anwendung stürzten, so auch unser Held. Einige Fabrikanten in Javelle, einem kleinen Städtchen in der Nähe von Paris, hatten das „Eau de Javelle", erfunden, bei dem es sich um eine stark chlorhaltige Pottaschelösung zum schonenden Bleichen handelte. Sie versuchten nun, 1790 auf das Eau de Javelle in England ein Patent zu erhalten, das aber seitens des Parlamentes mit einem Hinweis auf eine Vorerfindung unseres Helden nicht erteilt wurde.

Schwierigkeiten im Umgang mit salpetersauren Lösungen brachten ihn dazu, einen neuen Indikator zu entwickeln. Die Mehrzahl der damals bekannten Indikatorlösungen wurde ebenso wie Lackmus durch Salpetersäure ausgebleicht. Er fand nun, daß ein Aufguß von „red cabbage leaves" in verdünnter Schwefelsäure, vor Gebrauch mit Pottasche neutralisiert, filtriert und mit Alkohol gemischt, eine blaue Flüssigkeit ergibt, die mit Säuren rot und mit Basen grün wird. Dieser Indikator war sehr lange in Gebrauch.

Besonders intensiv beschäftigte ihn das Problem der latenten Wärme des Wasserdampfes und die Frage nach dessen chemischen Eigenschaften. So war er einer der Hauptakteure dessen, was unter dem Namen „The Water Controversy" in die Chemiegeschichte einging. Eine seiner physikalisch-chemischen Untersuchungen, die sich mit der Abnahme der latenten Wärme des Wasserdampfes mit steigender Temperatur beschäftigte und mit der Volumenvermehrung beim Übergang von Wasser in Dampf, hatte ihn zu der bemerkenswerten Theorie verführt, daß es möglich sein müsse, Wasser in Luft zu verwandeln: „a possibility of conversion of water, or steam in permanent air ... I have often said, that if water could be heated red hot or something more, it would be probably converted into some kind of air, because steam would in that case have lost all its latent heat, and probably a total change of the nature of the fluid would ensue ..." [„eine Möglichkeit zur Umwandlung von Wasser oder Dampf in beständige Luft ... Ich habe oft gesagt, wenn man Wasser rotglühend oder darüber erhitzen könnte, würde es wahrscheinlich in eine Art Luft verwandelt, denn Dampf hätte dabei seine gesamte latente Wärme verloren, und möglicherweise würde das zu einer totalen Veränderung der Natur der Flüssigkeit führen ..."] Mancherlei irrige Experimente Joseph Priestleys (1733–1804) schienen dem auch zu entsprechen, d. h. er und auch einige andere Forscher glaubten, normale Luft durch Erhitzen von Wasser synthetisiert zu haben. Doch zeigte es sich schließlich, daß diese Theorie falsch war. Immerhin war dies der Ausgangspunkt für Betrachtungen über eine Erscheinung, die heute unter der Bezeichnung kritischer Punkt von Gasen und Dämpfen in der Literatur fortlebt.

Bemerkenswert waren auch die Betrachtungen unseres Helden über das Phlogiston und dessen Rolle bei der Verdampfung von Wasser sowie bei der Synthese und der Zersetzung des Wassers und dessen chemische Eigenschaften: „... Pure inflamable air is phlogiston itself and water is dephlogisticated air deprived of a part of its latent heat, and united of a large dose of phlogiston ..." [„... reine, unbrennbare Luft ist Phlogiston selbst, und Wasser ist dephlogistierte Luft, die eines Teils ihrer latenten Wärme beraubt wurde und vereint mit einer großen Dosis Phlogiston ..."]. Er erlebte den endgültigen Untergang der Phlogistontheorie noch, doch dürfte es ihn nicht allzusehr berührt haben. Allzugroß war sein wirtschaftlicher Erfolg und sein Ansehen.

Tatsächlich wird dieses Rätsel außerordentlich leicht, wenn man verrät, daß viele Historiker der Meinung sind, daß der Name unseres Helden, den übrigens wirklich jeder kennt, untrennbar mit dem Beginn der Technischen und Industriellen Revolution verbunden ist. Mögen seine Betrachtungen über die chemischen und physikalischen Eigenschaften des Dampfes auch nicht immer ganz richtig gewesen sein, so funktionierten die daraus gezogenen Nutzanwendungen um so besser.

Glitzer und Tand

Carl Müller, Galeriedirektor Erzherzog Albrechts und Journalist, veröffentlichte 1857 seine: „Studien zur Geschichte Österreichs im novellistischen Gewande", in denen er berichtet, daß: „(1810) ... vor dem Burgthore in der Josefsstadt ein Josef Xer mit seiner Frau und ein paar hübschen Töchtern die Wohnung inne hatte, ein gar wunderlicher Kauz war, der einen großen Theil seines bescheidenen Einkommens auf allerlei chemische Experimente verwendete ... In den Fenstern lagen stets Mineralkörper der mannigfachsten Färbung ausgebreitet. Bald blitzte es wie Karfunkel hinter den blinden Scheiben ... bald sah man grüne, rothe oder milchweiße Massen in den abentheuerlichsten Formen liegen..." Eines Abends sei nun Xer – wie Müller weiter berichtet – zusammen mit Frau und Töchtern auf einer Redoute im Hause „Zur Mehlgrube" erschienen, wobei Xer seine Damen mit seinen „Artefacten" und „einer Art foliirtem Glasfluß" geschmückt habe, die dermaßen echt geglänzt hätten, daß die Familie beim Verlassen des Balles von der hochwohllöblichen Polizei festgesetzt worden sei, da man annahm, der nicht sehr wohlhabende Xer müsse sich in verbrecherischer Weise in den Besitz des Schmuckes gesetzt haben. Bald sei die Sache aber geklärt worden, und das Kaiserpaar – wie man sieht eine geradezu klassisch altösterreichische Story – ließ sich in einer Audienz die Xer-Steine zeigen. Kaiser Franz II. – stets huldvoll – habe nun gesagt: „Schicke Er doch von Seinen Steinen nach Brüssel, von da ist es nicht weit nach Paris; wenn eine Sache gut ist, so verdient sie auch, bekannt zu werden." Nach Müller waren aber damit die Ereignisse noch nicht zu Ende. Zu jeder wirklich guten Story gehört eine Liebesaffaire mit Happy-End, wobei dieses denn auch noch ein Knüller der Technik-Geschichte war. Xer saß immer noch – natürlich völlig unschuldig – wegen der angeblich geraubten Diamanten im Gefängnis (noch vor der oben erwähnten Audienz), da nahte sich ein ebenso hübscher wie liebenswürdiger und erfolgreicher junger Mann namens Dollond, der sich als „... ein Optiker, der in London mit jeder Art Brillen und Fernröhren Handel treibt ..." vorstellte. Müller berichtet, dieser junge Dollond habe auf seinen Wunsch von dem aus den Verließen der Kaiserstadt zurückgekehrten Xer einen Glasfluß „grüner Composition" erhalten, was ihn zu einem schicksalschwangeren Ausruf bewegte: „... Ich sehe in diesem Glasflusse, wenn mich nicht alle Anzeichen täuschen, ein Problem gelöst, das mich seit Jahren beschäftigte ..." Aber noch ein Problem löste Dollond: Er warb erfolgreich um eine der hübschen Töchter Xers: „... Nach wenigen Wochen führte der große Dollond seine Neuvermählte mit nach London. Die ersten achromatischen Fernröhren, eine der folgenreichsten Entdeckungen im Fache der optischen Wissenschaften, hatten Gläser, welche aus dem Xer'schen grünen Steine geschnitten waren ..."

Eine so schöne Geschichte schreit förmlich nach einer literarischen Verarbeitung. Bereits am 20. März 1858 hatte am Burgtheater in Wien das Stück: „Pierres de X" Premiere, verfaßt von Dr. A. Schmiedel unter dem Pseudonym „Salmoser". Im gleichen Jahr erschien in der Theaterzeitung der Roman: „Die falschen Brillanten" von Bäuerle. Zwischen 1940 und 1944 wurde das Singspiel „Brillanten aus Wien" von Lessen und Steinbrecher nicht weniger als 176 mal gegeben.

Die „Composition" der falschen Diamanten erzielte man übrigens durch Verschmelzen von gepulvertem Bergkristall, gereinigtem Ätzkali, chemisch reiner Mennige und gereinigtem Borax. Heute ersetzt man das Kalium durch Thallium und erreicht damit tatsächlich fast Lichtbrechung und Feuer des Diamanten, leider jedoch nicht seine Härte.

Es sei an dieser Stelle eingestanden, daß auch Verfasser chemischer Rätsel abgrundtief böse sein können. Zwar ist das Rätsel eigentlich leicht und mancher Leser wird schon erraten haben, welcher einsilbige Name sich hinter dem X verbergen könnte, doch obwohl das hier Mitgeteilte selbst in berühmtesten Nachschlagewerken zur Geschichte der Technik oft wiederholt worden ist, ist es von vorn bis hinten erstunken und erlogen.

Doch wer war nun der echte X und wann lebte er wirklich? Die Wahrheit verdanken wir Auguste Jal, der 1872 in Paris seinen „Dictionaire critique de Biographie et d'Histoire" herausgab und dort erstmals Dokumente aus dem Leben des echten X zitieren konnte. Der echte X war der Goldschmied George Frédéric X. (1700?–1773). Sein Aufenthalt in Paris zur Mitte des 18. Jahrhunderts – also etwa 50 Jahre früher als sein nichtexistenter Kollege Xer aus Wien – hatte ihn als Randfigur in eine damals berühmte Skandalgeschichte geraten lassen. Der erfolgreiche französische Maler J. B. Greuze (1725–1805) hatte sich etwas leichtsinnig in eines seiner weiblichen Modelle mit dem Familiennamen Barbuty verliebt, von der er eines der bekanntesten sentimentalen Frauenportraits des Rokoko schuf. Leider war der Charakter der jungen Dame bei weitem nicht so freundlich, wie ihr Aussehen lieblich war, und so setzte Greuze bereits nach ganz kurzer Ehe ein für die Anwälte gedachtes „Pro memoria" auf, in dem er mitteilte, die Barbuty habe ihm 1757 durch spezifisch weibliche Künste ein Wort entlockt, das sie als zustimmende Antwort auf ihren Vorschlag, sie zu heiraten, deuten konnte; da hätte sie, wie Greuze schrieb, nichts Eiligeres zu tun gehabt, als mit ihrer Mutter zu gehen: „... aux quai des orfèvres, chez Monsieur X pour y acheter une pair de boucles d'oreilles de faux diamants".

Recht viel mehr ließ sich über X nie in Erfahrung bringen. Die Ausgabe von 1731 des „Dictionaire des Sciences" nennt die Erfindung unseres X, die, wie er selbst, X genannt wird, noch nicht, dagegen jene von 1740. Als weiteres Dokument über Xs Leben konnte Jal nur die Sterbeakte anführen, in der erzählt wird, X – protestantischen Bekenntnisses – sei am 22. Dezember 1773 in Folge einer langen Krankheit in dem ihm gehörenden Hause am Kai der Goldschmiede verstorben.

Übrigens hieß es von ihm, er sei Deutscher gewesen, wiewohl ihn die Totenurkunde als „natif de Xbourg“ bezeichnet. Sowenig wir auch über X wissen, so lebensfähig war seine funkelnde Erfindung. Gerade zur Zeit erlebt sie eine geradezu abenteuerliche Renaissance. Sogar auf Blue-Jeans findet man Steine aus diesem Material aufgenäht.

Pulver und Brandy

„... Die Kosten für die Beerdigung trug stets die Firma ...“ Mit diesen trockenen Worten umschrieb ein späterer Chronist die Sozialleistungen des Unternehmens. Es handelte sich um eine Pulvermühle, die ihre Gründung einem Jagdausflug des einarmigen Obersten Louis de Tousard im Herbst des Jahres 1800 in Begleitung eines jungen Franzosen verdankte, dessen Familie aus Frankreich in die USA geflohen war. Den beiden schießfreudigen jungen Männern ging bald die Munition aus, und so machten sie bei einem Kramladen halt, um ihre Pulverhörner neu füllen zu lassen. Der junge Franzose, der den schönen Vornamen Irenäus trug, war entsetzt: Das Pulver war schlecht und dabei unverschämt teuer. Irenäus wußte aber, wie man gutes Pulver herstellen kann, denn sein Vater – Pierre Samuel, von Haus aus Uhrmacher, später Journalist und bedeutender Theoretiker der Volkswirtschaft und Politiker – war ein Freund des großen französischen Chemikers Lavoisier gewesen. Während der französischen Revolution gründete Pierre Samuel eine Druckerei, und Lavoisier, der nicht zuletzt auch ein überaus erfolgreicher Finanzmakler war, lieh der Familie 710 000 Livres für vier Prozent auf zwölf Jahre. Zuvor schon hatte Lavoisier Irenäus als Eleven in dem von ihm gelenkten staatlichen Pulvermonopol beschäftigt und angelernt. Irenäus, der als ernst, nüchtern, verschlossen, leicht zu verletzen und als ein unermüdlicher, ausdauernder Arbeiter mit großer stattlicher Figur und einer kräftigen Nase beschrieben wurde, hatte nun Gelegenheit, sich in der Pulverfabrik von Mesonne an das Geräusch von Detonationen und den Anblick getöteter Arbeiter zu gewöhnen. Pierre Samuel hatte übrigens von Ludwig XVI. noch die Ritterwürde erhalten als Dank für erfolgreiche diplomatische Missionen im Gefolge des amerikanischen Unabhängigkeitskrieges, was Pierre Samuel auch die Freundschaft Benjamin Franklins und Thomas Jeffersons eingetragen hatte. Durch diese Nobilitierung erhielt die Familie ein Wappen, das eine Säule auf einfarbigem Felde zeigt, mit dem von Pierre Samuel gewählten Motto „Rectitudine Sto" – sei aufrecht. Wohl war dieser Wappenspruch eher moralisch gemeint, doch sollte er später gut zur Berufsproblematik einer großen Dynastie explosionsbedrohter Pulverhersteller passen.

Auch wußte Irenäus wohl, wie sich Gewehrschüsse anhören: Pierre Samuel hatte während der französischen Revolution eine Art Bürgerwehr von „sechzig Männern größten Mutes" zusammengebracht, die am 10. August 1792 ausrückte, um das vom Mob bedrohte Königspaar in den Tuilerien zu schützen. Bei diesem Gefecht wurde zwar die Schweizer Garde des Königs niedergemacht, doch Vater und Sohn entkamen mit nur fünf Getreuen dem Gemetzel, indem sie sich gerade noch rechtzeitig als Revoluzzer maskierten. Beinahe wäre Pierre Samuels Kopf unter das Fallbeil der Guillotine geraten, doch gerade noch rechtzeitig stürzte Robespierre, und Pierre Samuel kam frei und erhoffte sich nun – er war Witwer – die Hand der schönen Witwe Lavoisiers. Doch diese war weniger an einer Ehe als eher an der Rückzahlung des Darlehens interessiert. Pierre Samuel fand das schnöde und tröstete sich anderweitig. Doch auch nach der Revolution unter dem Direktorium gab es Schwierigkeiten, und als Vater und Sohn auf die Teufelsinsel nach Guayana deportiert werden sollten, floh die Familie auf einem langsamen Seelenverkäufer, der 91 Tage brauchte – selbst Kolumbus war schneller gewesen –, um die Überfahrt zu bewältigen, und dabei beinahe gesunken wäre, nach den Vereinigten Staaten. Am Neujahrstag 1800 ging man im vereisten Hafen von New-York an Land. Man machte allerlei Projekte, aber die Familie wußte nicht, wovon sie schließlich leben sollte. Die entscheidende Anregung brachte der oben schon geschilderte Jagdausflug: Die Fabrikation von Schießpulver. Pierre Samuel war nicht sehr begeistert, das letzte Geld der Familie und geliehenes Kapital ausgerechnet in einer Fabrik anzulegen, die jeden Augenblick in die Luft fliegen konnte. Doch da ihm auch nichts Besseres einfiel, blieb keine andere Wahl. Maschinen und Kapital mußten in Europa beschafft werden, letzteres unter anderem bei Louis Necker, einem Onkel der Madame de Stael und Bruder des ehemaligen Finanzministers Ludwig XVI. Am 21. April 1801 wurde die Firma in Paris als „Körperschaft zur Herstellung von Pulver für militärische und sportliche Zwecke in den Vereinigten Staaten von Amerika“ mit einem Grundkapital von 36 000 Dollar anerkannt. Ein passendes Grundstück fand sich am Ufer eines Flusses mit dem hübschen Wildwestnamen Brandywine-Creek. Da Irenäus als Franzose damals nicht selbst als Käufer auftreten durfte, kaufte ein Strohmann die 38 Hektar für 6740 Dollar. Mit dem Schoner „Betsy of Petterson“ segelte die Familie bis New Castle im Staate Delaware, von da ging es mit dem Wagen zu dem ca. elf Meilen entfernten Bauplatz. Aller Anfang war schwer: Im Spätwinter 1803 schrieb Irenäus an den Vater: „... Wir haben seit August ein erstaunliches Stück Arbeit geleistet, aber mir wird bange, wenn ich an das denke, was noch vor uns liegt. Innerhalb von drei Monaten haben wir ein geräumiges Haus mit Stall aus Stein und den größten Teil der Raffinerie gebaut; wir haben den Wasserlauf und die Sägemühle ausgebessert ... in diesem Monat müssen wir noch drei Mühlen und ein oder zwei andere Gebäude bauen; ein neues Flußbett für eine der Mühlen graben; den Trockenplatz, das Magazin, die Arbeiterwohnungen errichten. Es ist ganz offensichtlich, daß wir vor dem Herbst kein Pulver herstellen können ...“. Auch in den USA beschäftigte sich Pierre Samuel mit Politik: Seinem Kopf entsprang der Vorschlag, Louisiana dem Französischen Kaiserreich abzukaufen. Pierre Samuels politischer Einfluß erhöhte natürlich den Absatz der Pulvermühle, wiewohl auch sonst die Colts rauchten.

Nach und nach wandelte sich der Betrieb zum größten Chemieproduzenten der USA. Der zweite Teil des Namens dieser Firma ist übrigens keine Folge der einstigen Ritterwürde, sondern bedeutet lediglich jenen Wahlkreis an Seine und

Marne, den Pierre Samuel einst in der französischen Nationalversammlung als Vertreter des dritten Standes innehatte. Einen solchen Zusatz braucht man, wenn man einen Dutzendnamen führt.

Ein Frühvollendeter aus einer großen Familie

Es gibt menschliche Laufbahnen, die eine beunruhigende Ähnlichkeit mit einer Sylvesterrakete haben. In kürzester Zeit steigen sie zum Scheitelpunkt empor und verglühen dann sofort wieder. Kein Geringerer als A. W. v. Hofmann hielt die Leichenrede in der er immer wieder die Jugendlichkeit des früh Dahingegangenen hervorhob: „... in der Blüthe der Jahre, mit den Attributen der edelsten Männlichkeit geschmückt ..."

Der Gesuchte war 1841 in Leipzig geboren worden und er verlor seine Eltern früh. 1847 starb der Vater (zum Lösen des Rätsels übrigens ein wichtiges Datum), 1853 die Mutter, die im Gegensatz zum mosaischen Glauben der väterlichen Familie einer reformierten Predigerfamilie entstammte. So wurde der junge Paul in Berlin erzogen, wo er bei seinem Onkel, einem Geh. Rath, eine umhegte Jugend erlebte.

Es schien so, als habe er von seinem Vater das zeichnerische Talent geerbt (dies ist eine bewußte Irreführung der Ratenden, denn der berühmte Vater unseres Paul ist nur Kennern als Zeichner bekannt), und so wollte man ihn zum Maler ausbilden lassen doch Paul zog es vor, in die „Leipziger Commandite des bekannten Manchester Hauses P. Schunk & Co" einzutreten, um Kaufmann zu werden was ihn aber bald langweilte. Die noch fehlenden Gymnasiums-Jahre wurden nun durch Privatausbildung nachgeholt und 1859 bestand er sein Abitur. Anschließend ging er nach Heidelberg. In der Hoffnung, der Krankheit seines Vaters zu entgehen, dessen Krankengeschichte damals viel diskutiert wurde, zeigte er als Student eine ausgesprochen sportliche Seite: „Von Jugend auf ein eifriger Turner, war er schnell der erste in allen akademischen Leibesübungen und hatte zumal eine bewunderte, ja gefürchtete Fertigkeit in der Handhabung der Waffen erlangt ..." Er soll ein recht schmucker Alemanne gewesen sein. Trotz seiner beachtlichen studentischen Talente und seiner vielgerühmten Beliebtheit bei seinen Kommilitonen besuchte er regelmäßig chemische und physikalische Vorlesungen bei Bunsen und Kirchhoff. In Heidelberg blieb er – nur einmal wechselte er für ein Semester nach Göttingen – und 1863 erwarb er erst 22jährig mit einer chemischen Arbeit den Doktorhut. Nun genügte er der Militärpflicht, und aus einer notorisch wohlhabenden Familie stammend, diente er bis gegen Ende 1864 im II. Kaiserlichen Garde-Ulanen-Regiment in Berlin.

Darauf zog es ihn noch einmal in ein wissenschaftliches Laboratorium: August Wilhelm von Hofmann schrieb über seinen, wie wir heute sagen würden, Postdoc: „... Im Anfang des Jahres 1864 war ich nach Berlin gekommen ... Es waren nur wenige Räume zur Verfügung, kaum mehr, als für die Vorbereitung der Vorlesung erforderlich waren. Aber wir richteten uns ein, und es war ein Vergnügen, den liebenswürdigen jungen Mann als Gast bei uns aufzunehmen. Dort arbeitete er besonders mit Dr. Martius, zu dem er schon damals ein freundschaftliches Verhältnis anknüpfte. Er beschäftigte sich mit Arbeiten auf dem Gebiete der organischen Chemie, da er sich bisher fast ausschließlich der Mineralchemie gewidmet hatte ... Leider sollte dieser behagliche wissenschaftliche Verkehr ... sehr bald ein Ende finden ..." Es kam der Krieg von 1866 gegen Österreich, aus dem unser junger Held unversehrt als siegreicher Ulanenoffizier zurückkehrte. Nunmehr 25 Jahre alt, fühlte er ein starkes Bedürfnis nach wirtschaftlicher Unabhängigkeit in sich. A. W. von Hofmann beschrieb diese Lebensphase so: „... Man befand sich damals noch in der ersten Zeit der Entfaltung der modernen Farbenindustrie, und es lag in der Natur der Dinge, daß seine Phantasie von der großen Perspektive dieses neuen in dem Boden der Wissenschaft wurzelnden Zweiges der chemischen Technik angezogen wurde. Mit ganz ähnlichen Gedanken trug sich auch der Freund Dr. Martius. Bald vereinigten sich beide zu einem gemeinsamen Unternehmen, und so entstand zunächst in der Verbindung mit der altberühmten Firma Kunheim & Co. und auf schmaler Grundlage die Anilinfabrik in Rummelsburg, welche jedoch schon nach kurzer Zeit von den beiden Genannten selbständig übernommen wurde. Mit unermüdlicher Ausdauer legten die Freunde Hand an's Werk, und schnell entfaltete sich das neue Etablissement zur erwünschten Blüthe. Wohl wurden diese Erfolge durch den mittlerweile ausgebrochenen Deutsch-Französischen Krieg beeinträchtigt, welcher Paul von neuem zu den Waffen rief. Die Kriegsereignisse führten ihn zunächst in die Gegend von Metz. Nach der Kapitulation dieser Festung folgte er der Armee des Prinzen Friedrich Karl, mit welcher er bis Orleans und Le Mans vordrang. Erst gegen Ende Juli des folgenden Jahres kehrte er, mit dem Eisernen Kreuze geschmückt, nach Deutschland zurück ..." Die Lage der jungen Fabrik hatte sich, bedingt durch den Krieg, bedenklich verschlechtert, jedoch: „... bald nahmen die tinctorialen Industrien, zumal aber die Rummelsburger Fabrikationen einen ungeahnten Aufschwung. Während man ursprünglich nur Anilin und die dazu nöthigen Roh- und Zwischenproducte erzeugt hatte, wurde nunmehr die Herstellung der Anilinfarben selbst mit in den Kreis des Betriebes gezogen ..."

Was die beiden jungen Leute da begründet hatten, sollte ein noch heute existierendes und recht bekanntes Unternehmen der deutschen Industrie werden, das allerdings keine Farben mehr produziert, da man 1880 begann, „Azalin" herzustellen, bei dem es sich um eine Farbstofflösung aus Cyanin und Chinolinroth handelte, die als Rotsensibilisator für panchromatische Photoplatten eingesetzt wird. Der photographischen Ausrichtung blieb das Unternehmen bis heute treu.

Paul starb mit 38 Jahren und wurde nicht einmal ganz so alt wie sein Vater. (Anmerkung der Redaktion : Hier endet das Rätsel noch nicht. Da aber die letzten Sätze – fast – alles verraten, haben wir sie auf die nächste Seite verbannt, um Ihnen die Chance zu geben; auch ohne diese Hilfe die Lösung zu finden – was allerdings nicht ganz einfach ist.)

Er war übrigens Träger eines sehr berühmten Namens. Sein Urgroßvater war ein großer mosaischer Philosoph der deutschen Aufklärung gewesen und sein Großvater der Begründer eines bedeutenden Bankhauses. Sein Vater – und damit hört dieses Rätsel endgültig auf, eines zu sein – der wohl bedeutendste Komponist der deutschen Romantik. Wer war's und wie heißt die Firma, die er begründet hatte?

Ein brauner Saft

Am 1. Mai 1889 erschien im „Atlanta Journal“ folgender Lebenslauf eines erfolgreichen Selfmademan: „... Mr. Asa ... wurde geboren in Carroll Country/Georgia im Jahre 1851. Er verließ sein Zuhause im Alter von 17 Jahren und arbeitete als Lehrling unter Dr. Fletscher Bast aus Baltimore, der ein Einzelhandelsgeschäft in Cartersville/Georgia betrieb. Mr. Asa ... kam 1873 nach Atlanta und stieg sofort als Angestellter in den Drugstore von Mr. G. G. Howard in der Peachtree Street 47 ein. Mit der ihm eigenen Energie und Zielstrebigkeit wurde er in kurzer Zeit Besitzer des möglicherweise größten Handelshauses in Atlanta. Als erstes gründete er eine eigene Firma ... Die Fassade seiner Firma ist sehr attraktiv. Das Gebäude ist etwa 8 m breit, gut 36 m tief und besteht aus drei Etagen und einem Keller. Der Keller enthält die Labors mit all den nötigen Apparaturen für die Herstellung und Verpackung von Pillen. Mr. F. M. Robinson, ein Gentleman, der sich Zeit seines Lebens mit der Zusammensetzung von Pillen beschäftigt hat, ist der Abteilungsleiter. Er sowie die Chefs der anderen Abteilungen ... sind hochqualifiziert. Im Erdgeschoß befindet sich die Einzelhandelsabteilung, in deren rückwärtigem Teil Mr. Asa ... sein privates Refugium hat. Dr. W. H. Ingram, Pharmazieprofessor am Atlanta Medical College, hat einen Beratervertrag für das Einzelhandel-Departement. Herr P. M. Christian ist der Chefchemiker der Pillenproduktion ... Im Großhandelslager liegen die führenden Arzneimittel abgepackt in großen Stapeln in den Regalen. Dieser Raum ist über vier Meter hoch ... Der 2. Stock beherbergt das Lager und die Versandabteilung ... Hier werden Extrakte, Medikamente, Öle etc. maschinell in Flaschen abgefüllt. Unter den Medikamenten im Lager sah der Reporter Howards Haarfärbemittel,

„Eagle-Brand"-Backpulver und eine Vielzahl anderer bekannter Markenartikel ..."

Zu diesen Markenartikeln gehörte eine überaus erfolgreiche und noch heute vertriebene Medizin, welche die Gesellschaft von Mr. Asa ... erst im Jahr davor, 1888, erworben hatte, und zwar von einem Apotheker, der unter anderem den echten, aber ungebräuchlichen Vornamen Styth führte. Styth war 1833 in Knoxville/Georgia geboren worden. Merkwürdiger- und bezeichnenderweise ist über sein früheres Leben absolut nichts überliefert. Man sagt, er habe in der Konförderierten Armee der Südstaaten als Major gedient – irgendwelche Heldentaten aus diesen stürmischen Zeiten sind indessen nicht überliefert. Ins Licht der Geschichte trat er erst 1869, als er nach Atlanta übersiedelte, einen an keiner Hochschule erworbenen Doktortitel annahm und dem Gewerbe eines Industriechemikers nachging. Wo er die dazu notwendigen Kenntnisse erworben hatte, ist völlig unbekannt. Sein Laboratorium hatte er in einem zweistöckigen, roten Backsteinhaus untergebracht, das einem ehemaligen Bankier gehörte. Ganze Nächte, so berichteten Augenzeugen, hockte er in diesem Labor und mixte und probierte. Im Mai 1886, also vor über 100 Jahren, fand er in diesem Labor in der Marietta-Street 107 die Rezeptur seines Lebens. Zur Realisierung der technischen Großdarstellung seiner neuen Medizin brauchte Styth mehr Kapital und so mußte er weitere Gesellschafter in seine Firma aufnehmen, die nun „The ... Chemical Company" hieß. Sie beschäftigte sich vorwiegend mit Hustensirup, Haarfärbemitteln und allen möglichen Tinkturen und Säften.

Bei der legendären Medizin handelte es sich um ein grünes Heilwasser gegen Kopfschmerzen, Alkoholismus, Anämie und Vitalitätsverlust und wurde aus pflanzlichen Alkaloidextrakten hergestellt. Das Urrezept von Styth enthielt übrigens auch noch Alkohol, den man jedoch nach einiger Zeit wegließ. Glaubt man der Reklame, so mußte es ganz phantastisch wirken. So hieß es 1910 in einem Text: „...Wenn du dich verschwitzt, verklebt und müde fühlst, wenn dir der Schädel brummt, wenn du das Gefühl hast, mit jedem Tropfen Schweiß aus deinen Poren schwindet deine Lebenskraft, und es dir so vorkommt, als könntest du keinen Schritt mehr tun und keinen Handstreich, dann ..." ja dann soll man die gesuchte Medizin zu sich nehmen: „... Als erstes wirst du dich wundern, wer diese kühle Welle eingeschaltet hat – deine Kopfschmerzen werden verschwinden, das nervöse und erschöpfte Gefühl macht einem allgemeinen Wohlsein platz, die harten Ecken werden aus deinem Gemüt herausgeglättet, und du wirst dich erfrischt und angeregt fühlen ..."

Doch wie eigentlich wurde diese köstliche Medizin bereitet. Folgen wir einer Beschreibung, die uns Asas Sohn Howard hinterlassen hat und dabei die Produktion im Jahre 1893 in der Ivy Street 77 schildert:

„... Das Erdgeschoß, das ungefähr 1,50 Meter über dem Erdboden lag, beherbergte das Lager für den Zucker und die anderen Grundmaterialien ... Im Keller war ein großer rechteckiger Holztank mit einer Kapazität von 1500 Gallonen auf einem etwa 90 cm hohen hölzernen Gerüst aufgebaut. Ein neuer 100 Gallonen fassender Kupferkessel stand in einem ... Heizkessel ... Obwohl sich der Schmelzofen im Keller befand, lag der Kessel in Straßenhöhe. Der gesamte benötigte Zucker wurde von den Lieferwagen auf einen langen, flachen, von zwei Maultieren gezogenen Karren geschüttet und ins Erdgeschoß transportiert. Von hier aus wurde er direkt in den Kessel geschüttet. Das Auflösen des Zuckers mußte mit einem großen hölzernen Löffel unterstützt werden. Der Farbige, dessen Aufgabe es war, ausreichend Hitze unter dem Kessel zu halten, war sehr nachlässig oder wurde immer wieder zu anderen Arbeiten herangezogen, was unseren Chefkoch Sam Willard manchmal zur Verzweiflung brachte. Im Gegensatz zu früher wurde der Syrup nicht aus dem Kessel geschöpft, sondern durch einen Gummischlauch in eine Rohrleitung geführt, in welcher der Syrup in den großen Holztank darunter lief. Ein starker Strahl kaltes Wasser wurde in den Kessel gespritzt, um zu verhindern, daß der übrigbleibende Rest des Sirups im Kessel verbrannte, wenn der Holztank gefüllt war ... Nach dem Abkühlen, was abhängig von der Jahreszeit und der damit herrschenden Temperatur ein bis zwei Tage dauerte, wurden die anderen Ingredenzien über denselben Weg, wie oben beschrieben, dem Tank zugeführt. Die Menge wurde mit einem geeichten Holzstab abgemessen. Wenn die Zutaten beigegeben waren, kletterte Sam Willard an einer Seite des großen Tanks auf eine Stehleiter und beorderte einen Farbigen oder mich an das andere Ende, und mit großen hölzernen Paddeln wurde nun der Sirup hin und her bewegt. Um die größtmögliche Garantie zu haben, daß die Mixtur den gewünschten Qualitätsstandard erreichte, verschlang diese schweißtreibende Arbeit mehr als eine Stunde. Der Syrup war nun fertig zum Abfüllen ... Diese großen gemixten Mengen garantierten einen einheitlichen Qualitätsstandard ..."

Noch immer verkaufte die Gesellschaft auch andere Medikamente, wie z. B.: „DE-LEC-TA-LAVE", von dem es in der Werbung hieß, es würde die Zähne weißer machen, den Mund reinigen, das Zahnfleisch härten und verschönen, die Bildung von Zahnstein verhindern, die Säure des Speichels neutralisieren und weiches, „blutendes Zahnfleisch" heilen und dies alles für 50 Cent die Flasche.

Doch kehren wir zu unserer gesuchten Medizin zurück. Die Fabrikation wuchs ins unermeßliche. 1898 mußte man schon wieder umziehen. In der neuen Fabrik entstand jenes sagenhafte Laboratorium, das gleichzeitig als eine Art Safe benutzt wurde: „... Wir hatten in der neuen Fabrik ein sogenanntes Laboratorium eingerichtet. Dies war ein sonst nicht nutzbarer Winkel, abgeschlossen mit einer feuersicheren, eisernen Safetür mit einem Kombinationsschloß. Der dahinter liegende Raum war dreieckig, mit Regalen entlang der Wand, in welcher unsere Vorräte an Essenzen für die Zusammensetzung unserer Geschmacksingredenzien lagerten. Zwei große galvanisierte Perkolatoren standen auf einer Plattform etwa 90 cm über dem Boden an der gegenüberliegenden Seite des Raumes, unmittelbar unter einem hohen Fenster, das, neben der Eisentür, die einzige Öffnung in diesem Raum war. Diese Perkolatoren wurden gebraucht für das Filtern des flüssigen Extraktes aus ...blättern und ...nüssen. Haarsträubende Geschichten ranken sich um die Geheimnisse, die dieser Raum sonst noch beinhalten sollte ..."

Die „Medizin" war und ist übrigens noch heute rezeptfrei. Dies ist umso erstaunlicher, da die Originalrezeptur beachtliche Mengen von Alkaloiden aus Erythroxylaceaen und Sterculiaceaen enthielt. Wer ein gutes Konversationslexikon zur Hand hat oder noch besser Herders Lexikon der Biologie, hat dies Rätsel gelöst.

Hohe Spannungen und höchste Temperaturen

„Pastiches“ – Nachgeahmtes nannte der große französische Romancier Marcel Proust eine Folge literarischer Scherze, in denen er eine aufsehenerregende Betrugsaffäre, den Fall des „Diamantenmachers“ Lemoine, in der Art anderer großer Romanciers parodierte. Im Stile Balzacs erfährt man: „... der Mann, der damals an der Spitze des riesenhaftesten Diamantenunternehmens Englands stand, hieß Wernher, Julius Wernher. Wernher! scheint ihnen dieser Name nicht auf seltsame Weise das Mittelalter zu beschwören? Wenn Sie ihn hören, sehen Sie dann nicht sofort Doktor Faust über seine Schmelztiegel gebeugt, mit oder ohne Gretchen? Erweckt er nicht die Vorstellung vom Stein der Weisen?“ Im Stile H. de Regniers wurde von dem Diamantenmacher H. F. Lemoine behauptet: „... Er sah eher aus, als trüge er den Kittel des Lakais, denn als habe er den Hut des Doktors auf. Doch behauptet dieser Kerl einer zu sein, und das in mehreren Wissenschaften, in denen es einträglicher ist, Erfolg zu haben, als es oftmals gut ist, sich ihnen hinzugeben ...“ Die Wahrheit war allerdings, daß Lemoine zumindest bei Probeexperimenten in Anwesenheit von Auftraggebern und Finanziers gar nichts trug! Ein Chronist berichtete darüber: „... In Begleitung von Zeugen begab sich Wernher mit Lemoine nach Paris. Dort, im heimischen Laboratorium, wartete der „Ingenieur“ mit einem Theatercoup auf: Seine illustren Gäste empfing er – völlig nackt, nur mit einer Tiegelzange bewaffnet. Er habe sich deshalb aller Kleider entledigt, erklärte Lemoine den schockierten Herren, um nicht in den Verdacht zu geraten, die Gentlemen durch Taschenspielertricks hinters Licht führen zu wollen. Man akzeptierte ...“ Und fiel trotzdem rein. Ein geübter Betrüger zaubert eben auch nackt. Dabei sah das Hauptrequisit, ein riesiger Elektroofen nach Professor – wir wollen ihn X nennen – und unter Verwendung von dessen Verfahren recht gut aus. Nur es funktionierte eben nicht!

Dabei hatte alles so schön wissenschaftlich und ganz und gar ehrbar begonnen. Prof. X. hatte bei der Aufarbeitung eines Bruchstücks des Canon-Diablo-Meteoriten tatsächlich Diamanten gefunden. Dies führte ihn zu folgender Schlußfolgerung: „... Mitten in einer Metallmasse, umgeben von amorphem Kohlenstoff in deutlich zusammengepreßten Streifen, fanden sich zwei kleine durchsichtige Diamanten. Hier erscheint die Natur bei der Tat ertappt. Der Kohlenstoff muß unter Einwirkung starken Druckes kristallisiert sein. Das Eisen befand sich im schmelzflüssigen Zustand. Infolge einer plötzlichen, durch irgendeine Ursache bewirkten Abkühlung trat eine starke Kontraktion ein. Der Kohlenstoff änderte dabei seine Dichte von 2 auf 3,5; er ging in Diamant über ...“ Prof. X. begann nun, systematisch Kohlenstoff in flüssigem Eisen zu lösen. Da die Löslichkeit aber bei höheren Temperaturen ansteigt, war er, um zu besseren Ausbeuten zu kommen, gezwungen, zu immer besseren Öfen überzugehen, und so entwickelte er seinen „four électrique“: Zwischen zwei verstellbaren Kohleelektroden brannte ein elektrischer Lichtbogen innerhalb einer aus Kalkstein gemauerten kleinen Brennkammer. Die Hitze im Inneren des Ofens wirkte unmittelbar auf das Schmelzgut ein. Je nach der Stärke des Stromes ließen sich Temperaturen von 2000 bis 3500 °C erreichen. Beim plötzlichen Abschrecken der Schmelze kristallisierte ein Teil – aber eben nur ein Teil – in leider nur winzigsten Diamanten. Trotzdem informierte Prof. X. am 6. Februar 1893 die Pariser Akademie der Wissenschaften und war berühmt, ja man kann sagen in aller Munde. Später erhielt er den Nobelpreis für Forschungen auf einem anderen Gebiet, aber es hielt sich seinerzeit das Gerücht, daß der Ruhm der Diamentensynthese kräftig mitgeholfen habe, das Nobel-Komitee zu beeinflussen. Bei ausgefallenen Themen Erfolg zu haben, ist eben allemal günstig! Trotz aller Begeisterung zeigte sich bald, daß

Prof. X. bei seinen synthetischen oktaedrischen Diamantkristallen nicht über 0,7 mm Kantenlänge hinauskam. Aber gerade dies behauptete der Schwindler Lemoine, der für sein verbessertes Verfahren nach Prof. X in den abgelegenen Pyrenäen eine eigene Diamantenfabrik bauen wollte. Mit diesem Plan schröpfte er seinen Geldgeber Wernher und brachte die Diamentenpreise ins Rutschen. Auch für Prof. X war es recht peinlich, durch einen Schwindler ins Gerede zu kommen.

Ein Genie der Technik

Ein Zeitgenosse – Professor Fabry aus Paris, der ihn während des 1. Weltkrieges kennenlernte – beschrieb den Hochberühmten so: „... Simple, direct, intelligent, unspoiled – a very much greater man than I expected to find in view of the way his name has been exploited and the kind of influences with which he has been surrounded ...“*

Der Gesuchte hat nie Chemie studiert. Auch basierte sein eigentlicher Ruhm nicht auf chemischen Entdeckungen und Erfindungen. Auch von der chemischen Hochschulausbildung der Chemie hielt er nichts. Trotzdem war die Chemie jene Wissenschaft, die er am meisten liebte. Stets war er voll von chemischen Einfällen. Der Spanisch-Amerikanische Krieg von 1898 wurde vorzugsweise zur See ausgetragen. Damals konnte man mangels geeigneter Ortungsinstrumente nachts noch nicht so recht kämpfen. Um dem abzuhelfen, schlug er dem Navy Department eine Bombe vor, die eine Mischung aus Calciumcarbid und Calciumphosphid enthalten sollte. Würde eine solche Bombe in der Nähe eines feindlichen Schiffes nächtens explodieren, würde das Carbid mit dem Meerwasser reagieren und Acetylen freisetzen. Das Phosphid würde Phosphorwasserstoff liefern, der sich (dank einer Verunreinigung mit P_2H_4) sofort entzünden sollte. Das mitverbrennende Acetylen würde die Flamme verstärken. Eine solche Feuererscheinung könnte mehrere Minuten anhalten, solange die Calciumcarbidbrocken mit dem Wasser reagieren, jedenfalls lange genug, damit die Schiffskanonen der Navy ihre spanischen Ziele finden könnten.

Doch wirkliche chemische Waffen mochte er nicht konstruieren. Zum 1. Weltkrieg ist ein Ausspruch von ihm überliefert, daß ihn der Krieg „... sick at heart ...“ machte und:

„... Making things which kill men is against my fiber ...“.** So verkaufte er das in seiner Fabrik hergestellte Phenol auch viel lieber an die „Heyden Chemical Company“, die daraus Aspirin machte, als es an Firmen zu liefern, die das Phenol zum Sprengstoff Pikrinsäure weiterverarbeiteten und Zulieferer der französischen Armee waren. Da die Firma Heyden jedoch letztlich deutsch war, nahmen Patrioten ihm seine Entscheidung übel, und sein Verhalten ging als „Phenol-Skandal“ in die amerikanische Geschichte ein. Seine Phenolfabrik hatte er übrigens selbst gebaut und alle Teilschritte auch selbst optimiert. Betriebsanalysen pflegte er selbst auszuführen, obwohl er über einen beachtlichen Stab akademischer Chemiker verfügte.

Die chemische Laufbahn des Gesuchten – seine Spielkameraden nannten ihn übrigens „Al“ – begann im Alter von zehn Jahren mit chemischen Experimenten, die er einem „Science Dictionary“ entnommen hatte. Die Chemikalien erwarb er in der nächsten Apotheke. Die Versuche führte er in seinem Schlafzimmer aus, mußte sich aber nach einigen „... poorly controlled chemical reactions ...“ in den Keller des elterlichen Anwesens zurückziehen. Später – es handelt sich hier um eine jener typisch amerikanischen Stories vom Selfmademan, in der nur die Stufe des Tellerwäschers fehlt – verkaufte er Früchte und Zeitungen in einem Überlandexpreß. Auch hier begleitete ihn sein Laboratorium im Gepäckwagen, damit er zwischendurch mal eben experimentieren konnte. Eines Tages fuhr jedoch Als Zug über eine „curled-up rail“ und verursachte ein starkes Schlingern des Gepäckwagens, so daß eine Glasflasche mit weißem Phosphor in Wasser aus dem Regal fiel und auf dem Boden zerschellte. Al, der gerade seine Früchte verkaufte, war nicht im Gepäckwagen, der prompt in Brand geriet. Zwar war das Feuer schnell gelöscht, aber der erzürnte Zugführer ließ Al bei der nächsten Station unerbittlich aussteigen.

Sein weiterer Lebensweg, den übrigens wirklich jeder Leser kennt, wurde von Rezepten aus dem „Boston Journal of Chemistry“ begleitet und führte ihn zu einer der größten Erfindungen der jüngeren Technikgeschichte, die man aber leider nicht beschreiben kann, sonst wäre das Rätsel hier zu Ende. Es sei nur verraten, daß es um die Optimierung von Widerstandswerten bei Leitern und Nichtleitern ging, ein eher physikalisch-chemisches Problem, mit dessen Lösung Al aber das Aussehen unserer technischen Welt grundlegend verändert hat.

Das Schicksal wollte es, daß seine großen Erfindungen eigentlich immer ein Problem der Technik waren. Doch gab es im Hintergrund immer scheinbar kleinere chemische Fragen, die stets den eigentlichen Schlüssel zum Erfolg darstellten. Seine wohl populärste Erfindung ließ ihn so berühmt werden, daß man ihn später nach ihr benannte: „Mr. ?“. Als er sich einmal in einem der letzten Winkel der Vereinigten Staaten unter einem Baum ins Gras legte, fand er sich beim Aufwachen von der staunenden Landjugend umgeben, die ihm gleich sagten, er sei „Mr. ?“. Nur einmal passierte es ihm, daß man ihn nach der Konkurrenz benannte. In dieser Erfindung spielten nun mit Wachs oder Kunststoff und Wachs umhüllte Zylinder eine große Rolle. So kam es, daß er jahrelang in seinem übrigens nicht sehr ordentlichen Laboratorium Wachsgemische analysierte und optimierte und sich mit den Oberflächeneigenschaften früher Kunststoffe herumschlug, vor allem mit Formaldehyd-Phenol-Kunstharzen.

Für die Anreicherung von Magnetiteisenerzen führte er ein Verfahren ein, dessen Kernstück der Gebrauch eines riesigen Elektromagneten war, in dessen Feld das gekörnte Erz herabfiel. Dieses Verfahren optimierte er trickreich, so daß gleichzeitig ein Großteil des störenden Phosphates entfernt wurde.

Seine Erfolge waren phantastisch, mindestens so phantastisch aber waren seine Schulden. Um diese abzutragen, beschloß er mittendrin, sich einem solideren wirtschaftlichen Treiben in Industriezweigen zuzuwenden, in denen man nach seiner Ansicht verdienen könne, ohne etwas wirklich Neues erfinden zu müssen. So begann er mit der großindustriellen Herstellung von Zement, speziell Portlandzement. Er war der erste, der feststellte, daß die Bindefestigkeit des Zementes auch von der Korngröße des Produktes abhängt. Intensive Forschung widmete er dem Problem des Schaumbetons, wobei er lange versuchte, den Beton mit wasserstoffentwickelnden Mitteln zu blähen.

Er war von seinen Zementsorten derart überzeugt, daß er auf die seltsame Idee verfiel, die Menschheit mit Schaumbetonmöbeln zu beglücken. Für die eine der oben genannten Erfindungen sind Betongehäuse überliefert, die tatsächlich ästhetisch befriedigt haben sollen: Sie sahen aus wie holzgeschnitzt. Al sah sich dabei als Vorkämpfer einer hochentwickelten Wohnkultur breitester Volksschichten: „... it would be possible for the laboring man to put furniture in his home more artistic and more durable than is now found in the most palatial resindence in Paris or along the Rhine ...“***

Jedoch die Haltbarkeit blieb etwas hinter den Erwartungen zurück. Man kam auf die Idee, solche Betonmöbel probehalber auch auf eine Schiffsreise mitzunehmen. Dabei brachen aber auf hoher See bei schwerem Wetter arg viele Kanten ab, so daß diese Entwicklung wieder aufgegeben wurde.

Übrigens war seine größte anorganisch-chemische Leistung die Entwicklung eines Ladungs-Elementes, das seinen Namen trägt, und wer im Vordiplom in Physikalischer Chemie auf Zack war, der muß jetzt endgültig wissen, um wen es sich handelt:

$$8\,NiO(OH) + 3\,Fe + 4\,H_2O \underset{\text{Ladung}}{\overset{\text{Entladung}}{\rightleftharpoons}} 8\,Ni(OH)_2 + Fe_3O_4$$

Übrigens war diese Batterie für seinen Wagen bestimmt. Er fuhr so gerne Elektroauto.

*„... Einfach, direkt, intelligent, unverdorben – ein sehr viel größerer Mann, als ich erwartet hatte angesichts der Art und

Weise, in der sein Name ausgeschlachtet wurde, und des Einflusses, mit dem er umgeben war ..."

** „Dinge herzustellen, die Menschen töten, geht mir gegen den Strich ..."

***„... dem Arbeiter wäre es möglich, sein Heim mit Möbeln auszustatten, die künstlerischer und haltbarer wären als diejenigen, welche man heute in den schönsten Luxusresidenzen in Paris und längs des Rheins findet ..."

Ein Wohltäter mit brisanter Vergangenheit

Einer der erfolgreichsten chemischen Erfinder aller Zeiten reagierte auf die Bitte, eine kurze Beschreibung seines Lebens zu zeichnen, wie folgt: „Biographien zu schreiben, ist mir völlig unmöglich, wenn sie nicht an Knappheit polizeilichen Beschreibungen gleichen sollen. Gerade diese sind aber, wie mir scheint, die aufschlußreichsten. Ein Beispiel: X – erbärmliches Halbgeschöpf, hätte bei seinem Eintritt in diese Welt von einem menschenfreundlichen Arzt erstickt werden sollen. Hauptverdienste: Er hält seine Nägel sauber und fällt der Öffentlichkeit nicht zur Last. Hauptfehler: Ohne Familie, heiter und ein Vielfraß. Größte und einzige Bitte: Nicht lebendig verbrannt zu werden. Größte Sünde: Betet den Mammon nicht an. Bedeutende Ereignisse in seinem Leben: keine." Mehr konnten ihm auch die geübtesten Journalisten nicht entlocken, über die er befand, daß „Läuse zu haben eine reine Wohltat sei im Vergleich zu Journalisten, dieser zweibeinigen Mikrobenplage." Immer waren ihm Ehrungen verhaßt. Einmal wollte man ein Schiff nach ihm benennen: „Dagegen gibt es viele Einwände zu machen, der triftigste besteht darin, daß ein Schiff immer weiblich ist: Wer wollte sich des frivolen Versuches schuldig machen, dieses, sein Geschlecht zu verheimlichen? Da Sie aber auch noch versichern, es sei ein elegantes und wohlgestaltetes Schiff, wäre es doch ein schlechtes Omen, es nach einem alten Wrack zu benennen." Im übrigen mochte er Schiffe, er baute sich die erste Vollaluminiumjacht der Welt, mit der er Spazierfahrten auf dem Zürichsee unternahm. Zwar blieb er ein Leben lang Junggeselle, war aber weiblichen Reizen recht zugetan. So schrieb er 1894 an einen Neffen: „Ich bin nach einem Badeort gefahren, nicht um zu baden oder zu trinken, denn das hilft ja nur den Gläubigen, sondern um auszuruhen. Es glückte dieses Mal ausgezeichnet, denn ich befand mich zwischen zwei Feuern, ich meine zwei Frauen: Die eine schön und willig, von der ich nichts wollte, die andere so schön, daß ich schon wollte, aber ich komme nicht an sie heran. Tantalus ist es nicht schlimmer ergangen. – Ich mache natürlich Spaß, denn Du weißt ja, daß ein 60jähriger Joseph vor Potifars Frau in Ruhe gelassen wäre, obgleich sie ja sehr energisch war."

Er zeigte eine seltsame poetische Ader, die manchmal auch in seinen chemischen Vorschriften zutage trat. So schrieb er einmal einem Mitarbeiter über die Gefahren des Kaliumchlorats: „Deine Furcht vor dem chlorsauren Salz des Kaliums ist übertrieben. Wenn es nach Schwefel riecht ist es empfindlich wie ein hysterisches Mädchen, und wenn es an der Oberfläche Phosphor spürt, benimmt es sich schlechter als tausend Teufel. Es kann aber sehr gut gezähmt werden, so daß es sich in der Furcht des Herrn hält."

Zu seinen tiefsten Jugendeindrücken gehörte die geistige Begegnung mit dem englischen Dichter Percy Bysshe Shelley (1792–1822), einem Romantiker. Dies spornte ihn an, selbst Gedichte zu schreiben. 1851 entstand sein bekanntestes: „The Riddle" (Das Rätsel), dessen erste Verse in deutscher Übersetzung lauten:

„Du sagst, ich sei ein Rätsel – es mag sein,
für uns alle sind Rätsel unerklärbar.
Schmerzgeboren, endend in tiefer Pein,
was ist, atmende Gestalt aus Lehm, dein Auftrag hier?
Unsere Nichtigkeit sucht uns an die Erde zu
ketten, indes, hehre Gedanken streben
himmelwärts, daß wir von der Unsterblichkeit
träumen, bis die Zeit über leere Visionen
den hüllenden Schleier zieht ..."

Von einigen seiner Gedichte haben sich nur die Titel erhalten, darunter sind aber so vielversprechende wie: „Ob ich geliebt habe?", „Sie" und „Ich sah zwei Rosenknospen". Aus seinem dichterischen Geist erwuchsen auch Aphorismen: „Wir bauen auf Sand, und je älter wir werden, desto unstabiler wird das Fundament." Manche von ihnen verraten eine recht bittere Lebensphilosophie: „Gerechtigkeit gibt es nur in der Phantasie". „Die Hoffnung ist der Schleier der Natur, hinter dem die Wahrheit ihre Blöße verbirgt." Oder: „Nächst dem Ackerbau ist der Humbug die größte Industrie unserer Zeit." Manchmal verlor er auch seine Patentprozesse, und dann konnte er schreiben: „Der beste Trost für die Prostituierten ist der, daß Frau Justitia eine der ihrigen ist."

Seine chemischen Forschungen – er war übrigens fast ein Autodidakt, wenn man davon absieht, daß in seiner Jugend in Petersburg der berühmte Nikolaus Zinin sein Hauslehrer gewesen war und er einige Semester, so nimmt man an, im Laboratorium von Pelouze in Paris verbracht hat – beschäftigten sich mit der technischen Verwendbarkeit zweier chemischer Verbindungen. Die erste war von dem Italiener Ascanio Sobrero und die zweite von Christian Friedrich Schönbein entdeckt worden. Es gelang ihm, die technische Nutzung dieser Substanzen auf das phantastischste zu vervollkommnen, und so wurde er märchenhaft reich. In seiner Pariser Wohnung – sein Laboratorium war übrigens zeitweise in seiner Villa in San Remo – kündigte einmal eine kleine Köchin, weil sie sich verheiraten wollte. Auf seine Frage, was sie sich zur Hochzeit als Geschenk wünsche, erwiderte sie: „Das was Monsieur an einem Tag verdient". Er versprach es ihr, nach längerem Nachrechnen übergab er ihr mit den Worten: „Versprochen ist versprochen" 40 000 Francs, damals ein Vermögen. Und doch blieb er bescheiden: „Der Wunsch, irgendeine Rolle in der buntgewürfelten Sammlung der 1400 Millionen zweibeinigen, schwanzlosen Affen zu spielen, die auf unserem kreisenden Erdprojektil herumlaufen, scheint mir vermessen."

Wer war's und welche Entdeckungen und Erfindungen machten ihn berühmt? Welche Stiftung trägt noch heute seinen Namen?

Erotomane und Erfinder

„... Er war der Prototyp des großen amerikanischen Erfinders, amerikanisch in der Kühnheit seiner Konzeptionen, in der Zähigkeit und Unerschrockenheit, mit der er sie verwirklichte, in der geschäftlichen Klugheit, mit der er sie zu Erfolgen gigantischer Größe auszugestalten wußte ... In Amerika besaß er zahllose Patente, deren Wert sich nur in Millionen ausdrücken läßt ...", so sah der große Farbchemiker Otto Nikolaus Witt unseren Helden.

Manche Leute haben eben Glück in ihrem Dasein, wie unser „?" – König, der einer der größten Erdöl – Technologen aller Zeiten gewesen war. Günstig für seinen Nachruhm war es auch, daß noch 1957 ein stark erotisch gefärbter Roman über sein Leben erschienen ist. Unser Held hatte eben nicht nur Glück auf den Ölfeldern Kanadas und der USA, sondern und gerade auch bei Frauen. Ganz besonders groß war natürlich dieses Glück, wenn Liebe und Erdöl sich optimierend vereinten. Genießen wir daher folgende Szene, die unser Held im Bett einer Erdölprinzessin aus Louisiana erlebte, in das er in der Folge einer Eisenbahnkatastrophe eher zufällig geraten war. Der Leser erfährt mit Staunen, daß große Technologen auch in intimen Situationen ihre chemisch-wissenschaftlichen Denkstrukturen nicht einbüßen. Auch gehen knisternde Erotik und schnöder Geschäftssinn in diesem Roman jene unheimlich starke Mischung ein, die noch Jahrzehnte später amerikanischen Fernsehserien zu ungeahnten Erfolgen verhelfen sollte:

„...Vor ihm war ihr Mund. Um ihr Gesicht preßten sich ihre zum Haar tastenden Finger wie ein heller heftig bewegter Rahmen. Die Lider ihrer Augen senkten sich beim Näherkommen ... Hermann warf seinen Körper auf die Seite. Das

Bett krachte in allen Fugen ... Warum grübelte er über das Fremde in Jane? Mußte er denn auch sie schon wieder in ein Reagenzglas stecken, die Zusammensetzung, das Unreine, die Fremdkörper feststellen? Er war doch sehr glücklich gewesen! ... Und selbst in den zerwühlt gelösten Haaren, selbst in den rotdunklen Wellen, die zu den zarten Schultern, zu der plötzlich üppig vorgedehnten Brust hin sich verschlungen hatten, war eine unzerstörbar überlegene, lustvolle Heiterkeit gewesen ... Ist es einer Frau möglich, mit einem Ruck aus dem Strom der Gefühle aufzutauchen, das trunkene Glück nüchtern zu durchstoßen, von Terrains, Börsenkursen, Baumwollpreisen zu sprechen? ... Hatte sie nicht sofort bemerkt, daß ihn die „?" – Lager anzogen, mit denen sie, wie sie erzählte, nichts Rechtes anzufangen wußte?... Der „?", auf den man beim Ölbohren gestoßen, liege zwar tief unter Schwemmsand. Jeder Sachverständige zuckte die Achseln ... Aber wenn er, Hermann, gerne ein wenig experimentieren, die Sache selbst in die Hand nehmen und darüber nachdenken wollte, ob da nicht doch etwas heraus zu holen sei ... sie gebe ihm jede Vollmacht. Sie überlasse ihm auch soviel Land als er wolle. Zu billigem Preis. Oder wie er – sie hatte plötzlich seinen Kopf zu sich herabgezogen – wie er es wünsche. Und dann hatte sie, aus den Küssen aufatmend, sofort wieder vorzurechnen begonnen, vom Wert des „?", von den Verwendungsmöglichkeiten, den Ausfuhrchancen, den Preisen gesprochen ..."

So etwas nennt man Schicksal. So und nicht anders wurde unser Held zum „?" – König, reich und berühmt. Die Vorgeschichte war eher ärmlich gewesen. Das Licht dieser Welt erblickte er 1851 in Oberrot bei Gaildorf in Württemberg, wo sein Vater Schultheiß gewesen war. Bereits als 17jähriger wanderte er nach Amerika aus. Der Roman verrät, daß hieran das Gerücht schuld gewesen sei, er habe durch leichtsinnige chemische Experimente einen verheerenden Stadtbrand verursacht, dabei hatte ihn doch nur ein Freund bei einem Rendezvous mit einer gemeinsamen Angebeteten überrascht und war daraufhin wahnsinnig geworden. Er wurde nun Assistent bei

Professor Maisch am Philadelphia College of Pharmacy. Mit 23 Jahren machte er sich selbständig, gründete sein eigenes Laboratorium und begab sich ans Erfinden. Seine Patente waren so erfolgreich, daß er 1886 in London seine eigene Ölgesellschaft zur Ausbeutung kanadischer Vorkommen gründen konnte, die „Empire Oil Co.".

Die Patente beschäftigten sich so gut wie ausschließlich mit der technischen Chemie des Erdöls und mit der Nutzung spezieller Erdölprodukte: „Ein Verfahren zur besseren Raffination des Erdöles"; „Ein Verfahren zur Abscheidung des Paraffines aus den höheren Fraktionen"; „Ein Verfahren zur Herstellung von Bogenlichtkohlen aus den Destillationsrückständen." Unser Held ist der Erfinder des paraffinierten Papiers, das noch heute als billiges, wasserdichtes Verpackungsmaterial, z. B. bei unseren Frischmilchtüten, den sogenannten Picasso-Eutern, benutzt wird. Darüberhinaus erfand er ein Verfahren zur Entschwefelung von mit Mercaptanen verunreinigten Erdölen durch Erhitzen mit leicht reduzierbaren Metalloxiden, besonders Kupferoxid. Der Mercaptangehalt war damals ein extrem großes Problem gewesen, da die Käufer naturgemäß nur geruchfreies Petroleum in ihren Lampen verbrennen wollten. Übrigens hatte unser Held auch eine verbesserte Petroleumlampe ersonnen. Ursprünglich hatte er dieses Verfahren für seine eigenen kanadischen Raffinerien entwickelt, jedoch das Glück wollte es, daß er zusammen mit seinem Entschwefelungsverfahren von Rockefeller und dessen „Standard Oil" aufgekauft wurde, die ihrerseits Schwierigkeiten mit schwefelhaltigen Erdölen hatte. Die Zahlung der Kaufsumme erfolgte in Aktien der „Standard Oil" zu einem Kurs von 168, der aber nicht zuletzt dank der Erfindungskraft unseres Helden und dessen Leistungen auf sagenhafte 820 anstieg und dies bei Dividenden bis zu 40 Prozent.

Zurück zu der oben erwähnten Schwefelsäure. Das kalifornische Öl hatte einen für damalige Verhältnisse zu hohen Anteil an aromatischen Kohlenwasserstoffen. Er erzielte eine glatte, wenn auch etwas rohe Abtrennung der aromatischen von den aliphatischen und alicyclischen Bestandteilen des Öles durch die Überführung der ersteren in ihre Sulfosäuren durch rauchende Schwefelsäure.

Seine Haupterfindung ist zu bekannt, als daß man sie im Rahmen eines Rätsels schildern könnte. Sie stieß damals in den Südstaaten auf politischen Widerstand, da man unseren Helden fälschlich für einen Yankee hielt. Ein besorgter Kritiker erbot sich, jede Unze des gewonnenen „?" aufzuessen. Als man dem hier gesuchten 1912 die Perkin-Medaille verlieh, erinnerte er sich:

„... A fair illustration of public opinion is the remark of the mail boy who drove me to the railroad the morning after our first pumping. He said: „Well, you pumped „?", but nobody believed it but the old carpenter, and they say he's half crazy ..."

Die Sache war jedenfalls ein unbeschreiblicher Erfolg und brachte unseren Helden in Konflikte mit der Mafia, deren Herkunftsland bekanntlich Sizilien ist. Der Rache der Mafia konnte er entgehen, indem er die Produktion des „?" in internationalen Absprachen regelte, so waren es nicht die Dolche der Mafiosi, die zu seinem Tode führten, sondern, – angesichts des erotischen Romanes kann man sich eines leichten Lächelns nicht erwehren – es war sein überanstrengtes Herz, das 1914 in Paris seinem Leben ein frühes Ende setzte.

Politisches
und
Weltgeschichte

Gesättigte Kohlenwasserstoffe und die Weltrevolution

Seine Freunde nannten ihn Jollymeier – oder auch Chlormeier – nach seiner Lieblingsreaktion, der Chlorierung einfacher Kohlenwasserstoffe. Er muß ein heiteres Wesen besessen haben. Sein dünner Vollbart deckte nur mühsam die Konturen seines Kinnes. Kleine heitere Augen blickten durch eine eher winzige Nickelbrille mit dünnem Rand. Stets kleidete er sich konservativ. Aber auf allen Bildern macht der noch heute Hochberühmte einen recht zerknitterten Eindruck. Eigentlich würde man sich jemanden, dessen literarische Fähigkeiten in den Gang der Weltgeschichte eingegriffen haben, etwas anders vorstellen, sozusagen heroischer. Seine Freunde liebten ihn sehr: „... Er ist wirklich einer der besten Kerle, die ich seit langer Zeit kennen gelernt habe; er hat eine so totale Freiheit von Vorurteilen, daß sie fast naturwüchsig erscheint, aber doch auf viel Denken basiert sein muß. Dabei die merkwürdige Bescheidenheit ..." Geboren 1834 in Darmstadt, wuchs er im Milieu kleiner Handwerker auf, konnte trotzdem mit einiger Mühe die Realschule besuchen und wurde dann 15jährig auf das Drängen seiner Lehrer und gegen den Willen seines armen Vaters auf die höhere Gewerbeschule in Darmstadt geschickt, in deren Laboratorium er selbständig experimentieren durfte und wo er auch ein Abschlußzeugnis erwarb. 1853 begann er in dem kleinen Odenwaldort Groß-Umstadt eine Apothekerlehre. Nebenher experimentierte er immer noch chemisch, trieb aber auch Astronomie und Botanik. Nach zweieinhalbjähriger Lehre legte er seine Prüfung als Apothekengehilfe ab und als solcher arbeitete er in der Schwan-Apotheke in Heidelberg. Nach dem Vorbild eines Freundes immatrikulierte er sich nun an der Universität Heidelberg bei Heinrich Will und Hermann Kopp. Der Letztere hatte gerade als Chemiehistoriker nachhaltigsten Einfluß auf Jollymeier, dessen Freund mittlerweile eine Assistentenstelle bei dem früheren Lieblingsschüler Bunsens, H. E. Roscoe, in Manchester angenommen hatte. Ohne weiteren Studienabschluß folgte ihm Jollymeier, und ehe er noch Zeit hatte zu promovieren, wurde er von Roscoe mit einer Assistentenstelle betraut. Roscoe wirkte am Owens-College; einer privaten Hochschule, die Jugendlichen aus jenen Kreisen, denen die Universitäten von Oxford und Cambridge aus religiösen oder Standesgründen verschlossen waren, ungehindert eine solide Ausbildung vor allem in naturwissenschaftlichen Fächern ermöglichen sollte. 1880 wurde das College als „Victoria University of Manchester" „Oxcam" gleichgestellt. Dementsprechend war das Owens-College ein recht toleranter Ort, wo man es durchaus hinnahm, wenn sich unser Held materialistischen und sozialistischen Gedankengängen hingab, zu denen er durch seine Freunde in einer wöchentlichen Stammtischrunde, der „Deutschen Kneipe", hingeführt wurde.

Chemisch untersuchte er die Gesetzmäßigkeiten der Siedepunkte anorganischer Säuren. Seine weiteren Forschungen ergaben sich mit der wachsenden Bedeutung der Petroleumindustrie. So ermittelte er die Siedepunkte und Dampfdichten einfacher Kohlenwasserstoffe, deren regelmäßigen Gang und deren Abhängigkeit von der Struktur er erkannte. Auch bewies er die Gleichheit der vier Kohlenstoffvalenzen durch den Nachweis, daß Dimethyl und Äthylwasserstoff in Wirklichkeit Äthan und identisch sind. 1867 hatte Mendelejew auf der Frankfurter Naturforscher-Versammlung behauptet, daß es nicht gelingen könne, den n-Propylalkohol darzustellen, sondern es existierte nur der sekundäre Alkohol. Jollymeier versprach den fehlenden Alkohol binnen eines Jahres darzustellen, was ihm auch gelang.

Im übrigen war er ein sehr bedeutender Chemieschriftsteller. Zusammen mit Roscoe gab er einige, damals zu Recht sehr berühmte Lehrbücher heraus. Für seine literarische Besessenheit fand ein Chronist folgende hübsche Beschreibung:

„... Sein unermüdlicher Eifer beim Studium der Quellen, besonders für die chemiehistorischen Arbeiten, machten ihn „zum Schrecken der Bibliothekare“, die er „an den Anblick leerer Regale“ gewöhnte und zu der furchtbaren „Androhung eines vor seiner Wohnung auf die Bücher wartenden Möbelwagens“ veranlasste ...“

Tatsächlich verdienen seine chemiehistorischen Arbeiten besonderes Interesse. 1879 erschien „The Rise and Development of Organic Chemistry“. Die Geschichte der Chemie war für ihn eine unbedingte Notwendigkeit für das Verständnis der Wissenschaft selbst. Das Spiel von Entstehen und Vergehen wissenschaftlicher Hypothesen fand er besonders faszinierend, und so schrieb er einmal gegen den reinen Empiriker Kolbe:

„... Er konnte nicht einsehen, daß zum Fortschritt in allen Zweigen der Naturwissenschaft fortwährend neue Hypothesen erforderlich sind. Daß darunter auch blödsinnige vorkommen können, ist leider nicht zu ändern ...“

Jollymeiers eigentliche historische Bedeutung lag aber auf einem anderen Gebiet. Zu seinem engeren Freundeskreis gehörten zwei Männer, deren Werke noch heute viel zitiert werden und die er aus voller Überzeugung seines Herzens naturwissenschaftlich und naturwissenschaftshistorisch beriet. So schrieb einmal der eine Freund an den anderen, er möge Jollymeier bitten, zu folgenden Fragen Stellung zu nehmen:

„... was ist nun das neueste und beste Buch (deutsche) über Agriculturchemie? Ferner, wie jetzt die Streitfrage zwischen den Mineraldünger- und Stickstoffdünger-Männern steht ...“

Jollymeiers Antworten kamen gelegentlich in Versen, wie folgende Strophe aus einer Belehrung zur Chemie der Fette zeigt:

„... Der junge Talg muß sterben
Die Hitze zersetzte ihn
Oelgase sind seine Erben
und stinkendes Akrolein ...“

1871 wurde er in die Royal Society gewählt, und 1874 erhielt er in Manchester die erste Professur, die je an einer Hochschule für organische Chemie vergeben wurde. Zwar ließ er sich 1879 in England naturalisieren und war trotzdem ein überzeugtes Mitglied der sozialdemokratischen Arbeiterpartei Deutschlands.

Gegen Ende seines Lebens begann er zunehmend zu kränkeln. Der eine Freund schrieb: „... Jollymeier wird immer mehr Tristymeier ..."

1892 fand er sein Grab am Southern Cemitery in Manchester, und der eine Freund legte an seinem Grab einen Kranz mit einer scharlachroten Schleife und der Aufschrift „Vom Parteivorstand der Sozialdemokratischen Partei Deutschlands" nieder, was damals einiges Aufsehen erregte.

Der große Sohn eines bedeutenden Vaters

„... Ein wundervoller englischer Anzug ... Behaglicher warmer Stoff und doch unendlich weich. Faszinierend gewölbte Brust ... Etwas Negroides im Schädel. Phönikisches. Stirn und vorderes Schädeldach bilden ein Kugelsegment, dann steigt der Schädel – hinter einer kleinen Senkung, einem Stoß – rückwärts empor. Die Linie Kinnspitze – weitestes Hinten des Schädels steht beinahe unter 45° zur Horizontalen, was durch einen kleinen Spitzbart – der kaum als Bart sondern als Kinn wirkt – noch verstärkt wird. Kleine kühne gebogene Nase. Auseinander gebogene Lippen. Ich weiß nicht wie Hannibal aussah, aber ich dachte an ihn ...“

So zeichnete 1914 ein großer deutscher Dichter den Gesuchten. Dieser war 1867 als Sohn eines später extrem erfolgreichen Industriellen geboren worden. Schon mit 16 Jahren machte er sein Abitur und wußte nun nicht, was aus ihm werden sollte. Ein väterliches Machtwort zwang ihn 1884 bis 1889 – damals noch eine lange Zeit – in ein Studium der Naturwissenschaften in Straßburg und Berlin, das er mit einer Promotion über die Absorption des Lichtes in Metallen abschloß. Um sich gezielt auf die Tätigkeit in den vom Vater kontrollierten Firmen vorzubereiten, folgte 1889/90 eine weitere Ausbildung in Chemie und Maschinenbau an der Technischen Hochschule München mit dem Schwerpunkt Elektrochemie:

„... Dieser Zweig der Elektrizitätsanwendung war im Entstehen; es war der einzige, auf den die Unternehmungen meines Vaters noch nicht Hand gelegt hatten ...“

Aus diesem Ausspruch kann man ebenso auf jugendlichen Trotz schließen wie auf die furchterregende Ausdehnung der väterlichen Geschäfte. Doch so ganz hatten die Naturwissenschaften den Gesuchten nicht einfangen können. Hinter dem

Rücken der Familie hatte er in Straßburg das Gesellschaftsdrama „Blanche Trocard“ geschrieben, als Privatdruck herausgebracht und heimlich an das Theater in Frankfurt a.M. geschickt. Es wurde nicht aufgeführt. Später sollten allerdings seine eher philosophisch-zeitkritischen Werke ungeahnte Auflagen erreichen. Aus München drangen Gerüchte an die Ohren seiner Familie, er würde malen, anstatt zu arbeiten, doch er dementierte dies energisch – wiewohl etwas dran war. 1890/91 diente er bei den Gardekürassieren in Berlin, aber dank seines mosaischen Glaubens brachte er es – obwohl er sich dies sehr gewünscht hätte – nicht einmal zum Reserveoffizier.

Zwar blickte er ziemlich enttäuscht auf seine Jugendjahre zurück, doch war er erst 24 Jahre alt, als er Ende 1891 die elektrolytische Herstellung von Aluminium aus Tonerde als „Technischer Beamter“ bei der Aluminium-Industrie-A.G. Neuhausen am Rheinfall von Schaffhausen erlernte. Gefallen hat es ihm dort überhaupt nicht. Er empfand diese Zeit als „Hölle der Verzweiflung“ mit einer „gewaltsamen Beschränkung aufs Mechanische“. In Briefen an seine Mutter jammerte er über die Einsamkeit während des Nachtdienstes und über sein „sibirisches Hundeleben“. Man merkt sogleich den späteren erfolgreichen Schriftsteller, wenn er aus Neuhausen schreibt, er befinde sich: “... in Gesellschaft von rohen Kerlen, instinktwilden dumpfen Typen aus der Unterschicht, ehrgeizig, immer gekränkt, immer im Hader mit der Gesellschaft, sich tröstend mit zielbewußten donjuanesken Unternehmen, mehr aus Haß als aus Liebe, lüstern grausam, nicht liebenswürdiger wie Casanova ...“ Wie man sieht, ein ganz Linker war der spätere Reichsminister wohl nicht.

Jedenfalls versetzten seine starken Sprüche die Familie in eine nachgiebige Stimmung. Die Mutter schrieb: „... Um mich nicht weiter aufzuregen, will ich Dir nur mitteilen, was Papas und unser aller Ansicht ist. Deine Tätigkeit befriedigt Dich nicht, gib sie auf, werde Professor oder Maler, was Dir gut scheint ... Papa meint auch, Du würdest vielleicht gern eine Professur für Elektrochemie haben und das wäre momentan an der Zeit ...". Von Professoren hatte er damals aber auch keine gute Meinung und so verschmähte er die „kollegiale Stellung mit inferioren Menschen ..." und glaubte, es würde ihn entschädigen, in Neuhausen auf einem Gebiet etwas zu leisten, auf dem er talentlos sei „wie eine Kuh". Doch gelang es ihm nun für die Gewinnung von Chlor und Alkalien ein brauchbares elektrolytisches Verfahren auszuarbeiten.

1893 machte er eine bis heute bedeutsame wirtschaftliche Entdeckung. Er erkannte, daß elektrochemische Verfahren nicht unbedingt an Wasserkraft gebunden sind, sondern auch auf der Basis von – in Deutschland reichlich vorhandenen – Braunkohlelagern betrieben werden können. Damit wurde er Geschäftsführer der Elektrochemischen Werke GmbH Berlin-Bitterfeld. Daneben entwickelte er Verfahren zur Herstellung von Ferrosilicium, Carbid, Natrium und Magnesium. 1895 gründete man zur finanziellen Absicherung von zusätzlichen Auslandsunternehmungen die Zürcher Elektrobank. So dehnten sich seine Betätigungen auf Genua, Paris, Barcelona und Sevilla aus.

Doch blieben ihm bittere Erfahrungen nicht erspart. Ein Freund berichtete: „... Er hat mir zuweilen erzählt, daß er, der Sohn, in dem trostlosen Nest Bitterfeld schlaflose Nächte verbracht hat, weil das ihm dort anvertraute Fabrikunternehmen auf der Kippe stand. Daß es die schlimmste Zeit seiner frühen Jahre gewesen ist. Und daß die Schlaflosigkeit vorwiegend vom Gedanken an den Vater kam ..."

Doch die Niederlage war nicht aufzuhalten. Um einen Konkurs zu vermeiden, mußte er seine Werke an die Konkurrenz Griesheim-Elektronik verpachten. Besonders traf ihn, daß man seine elektrochemischen Verfahren unter Millionenaufwand abbaute und durch kostengünstigere ersetzte. Nun wandte er sich mehr der Literatur zu, wurde aber trotzdem in das Direktorium des väterlichen Konzerns berufen.

Der eingangs erwähnte Dichter erlebte ihn in dieser Zeit und gestaltete ihn als literarische Figur – unter dem Namen Paul ... – in einem der größten und längsten, aber nicht abgeschlossenen Romanfragment. Hier heißt es aus dem Munde einer anderen Romanfigur, dem Sektionschef Tuzzi:

„... Sein Vater war der mächtigste Beherrscher des „eisernen Deutschland“ ... wenn diese Art Leute im Deutschen Reich auch noch nicht obenauf waren und an Einfluß bei Hof nicht mit den Krupps verglichen werden konnten, so konnte dies ... immerhin morgen der Fall sein, und er fügte den Inhalt eines intimen Gerüchts hinzu, wonach dieser Sohn ... durchaus nicht bloß nach der Stellung seines Vaters strebte, sondern, auf den Zug der Zeit und seine internationalen Beziehungen gestützt, sich auf eine Reichsministerschaft vorbereitete. Nach der Meinung des Sektionschefs Tuzzi war dies freilich ganz und gar ausgeschlossen, außer es ginge ein Weltuntergang voran ...“ Doch dieser kam in Gestalt der Niederlage des Kaiserreiches im 1. Weltkrieg. Der Gesuchte wurde Politiker. Ein boshafter Gegner charakterisierte ihn 1918 so:

„... Jesus im Frack ... Inhaber von 39 bis 43 Aufsichtsratsstellen und Philosoph von kommenden Dingen. Schloßbesitzer und Mehrheitssozialist, erster Aufrufer – nach Ludendorffs Zusammenbruch – für die nationale Verteidigung und beinahiges Mitglied der revolutionären Sozialisierungskommission, Großkapitalist und Verehrer romantischer Poesie, kurz – der moderne Franziskus von Assisi, das paradoxeste aller paradoxen Lebewesen des alten Deutschland ...“

Als Politiker und Mann des Ausgleichs wollte er dem neuen Deutschland dienen, doch am Samstag, den 24. Juni 1922, starb er im Kugelhagel einer Maschinenpistole.

Politiker mit Ambitionen

Man muß nicht unbedingt Chemie studiert haben, um als Lebensmittelchemiker und Technologe Nützliches zu leisten. Die folgenden Rezepturen stammen aus der Küche eines Erfinders, der in anderem Zusammenhang jedem, aber auch wirklich jedem Leser bekannt ist. Während des Ersten Weltkriegs meldete er folgendes Patent an:

„... Den Gegenstand vorliegender Erfindung bildet ein Verfahren zur Herstellung eines Brotes, das hinsichtlich seiner geschmacklichen Eigenschaften, seiner guten Bekömmlichkeit, Nährkraft und langer Haltbarkeit dem bekannten, nur aus Roggenschrotmehl hergestellten Schwarzbrot ähnelt, hinsichtlich seiner Ausgangsstoffe jedoch ganz von der Verwendung von Roggen absieht."

Bedingt durch den Krieg war Roggen knapp geworden. Die Neuerfindung dieses Brotes sollte daher in der Verwendung von Mais bestehen, der jedoch ohne Vorbehandlung wegen seines etwas unangenehmen Geschmacks nicht zu verwenden ist:

„... Um die dem rheinischen, aus Roggenmehl bestehenden Schwarzbrot innewohnenden vorgenannten Eigenschaften zu erzielen, wird nach der Erfindung der Hauptbestandteil des neuartigen Schrotbrotes, nämlich Mais, nach der Entschälung einer etwa 30 Minuten lang andauernden Dörrung bis auf 200 °C ausgesetzt, der so behandelte Mais wird dann gemahlen ... und mit auf 40 °C erwärmtem Wasser zu einem dicken, pappigen Teig angerührt. Der so gewonnene Maisschrotteig wird nunmehr mit Grundsauer aus Gerstenmehl, ferner mit Gersten- und Reismehl, Kleie, Dextrin als Bindemittel und den geeigneten Gewürzzuschlägen zusammen gut zu einem einheitlichen Teigkloß verknetet und der letztere eine halbe Stunde lang auf Ruhe gelassen, bis er schwach angesäuert ist. Alsdann wird der Teig bekannterweise im Ofen eineinhalb Stunden lang zu Brot gebacken ..."

Zwar mußten einige Widerstände überwunden werden, aber unter der Nummer 296648 wurde am 2. Mai 1915 das Patent erteilt, das auch praktisch genutzt wurde. Über Jahre hinweg wurden täglich bis zu 10 000 Wecken dieser Sorte gebacken. Am 14. März 1917 wurde dieses Verfahren auch in Ungarn patentiert. Der rastlose Erfinder sagte sich, daß zu seinem Ersatzbrot auch ein passender Belag gehöre, und so erfand er die Kriegs-Ersatzwurst, über die er seinem Patentanwalt, einem Chemiker, folgendes mitteilte:

„... Der Zweck, der verfolgt wird, ist, dem viel billigeren Pflanzeneiweiß in größerem Maße wie bisher im Verzehr Eingang zu verschaffen, nicht neben, sondern anstelle des tierischen Eiweißes. Der Zweck soll dadurch erreicht werden, daß dem Konsumenten das Pflanzeneiweiß gewissermaßen unter der Maske der Fleischnahrung gegeben wird, weil das Volk die Fleischnahrung kennt und liebt. Dies läßt sich erreichen durch eine beliebte Form der Fleischnahrung, durch die Wurst." Darüber hinaus teilte der Erfinder mit, er habe Würste herstellen lassen, die 40 Prozent Sojamehl enthielten, „aber weder im Aussehen noch im Geschmack, noch in der Schnittfestigkeit von den ganz aus Fleisch hergestellten Würsten zu unterscheiden sind".

Die allgegenwärtige Not des Ersten Weltkriegs wollte unser Erfinder mit Nahrungsmitteln von „Friedensgeschmack" lindern. Bei Blutwurst sei dies so zu erreichen: „... Die Herstellung von Blutwurst geschieht zum Beispiel in folgender Weise: Das Sojamehl wird mit einer Brühe, welche die aus Knochen ausgelaugten Extraktivstoffe enthält, ferner mit Blut zu einem steifen Brei angerührt, dann mit der sonst zur Bereitung von Fleischblutwurst verwandten Fleischmasse innig verrührt, in die Därme eingefüllt und gekocht ..."

Der Erfinder erprobte unzählige Varianten, z. B. „Soja-Bratwurst".

Bei ihr sah der skeptische Patentanwalt eine Kollision mit dem Erbswurstpatent der Firma Maggi voraus. Der Erfinder konterte: „... Die Erbswurst wird nur zur Herstellung von Suppe verwandt und hat mit der aus Fleisch bestehenden Wurst nur die Form, weder das Aussehen, noch den Geschmack, noch die gleiche Art der Verwendung gemeinsam ..." während seine Würste mit den aus echtem Fleisch hergestellten Würsten „so gleich sind, daß der unbefangene Beurteiler einen Unterschied nicht herausfindet ..."

Es sei allmählich verraten, daß unser Erfinder ein promovierter Jurist war, der Einwände seines Anwaltes juristisch elegant, aber letztlich doch nicht stichhaltig bekämpfte:

„... Ich gestatte mir darauf zu vermerken, daß die Verleihung der Form (Anm.: nämlich die der Wurst), die Verleihung des Aussehens und des Geschmacks von Fleischwaren durchaus gleichberechtigte Elemente der Erfindung sein sollten, diese Elemente daher nur als ein ganzes zusammen betrachtet werden dürfen. Wenn nun auch das Versetzen eiweißhaltiger Pflanzenprodukte mit Fleisch häufiger vorkommt, worauf Sie hinweisen, so erfolgt doch hier das Versetzen in einer solchen Weise und ferner in Verbindung mit anderen, oben geschilderten Operationen, daß der ganze Komplex von Handlungen zusammengenommen doch wohl als neu angesehen werden kann ... Ist aber das Produkt neu, so kann man wohl sagen, daß auch das zu seiner Herstellung führende Verfahren neu ist, selbst wenn die einzelnen Elemente, aus denen das Verfahren besteht, nicht neu sind ..."

Wie man sieht, war er ein Meister juristischer Prosa, was Freund und Feind unseres Erfinders, der auch politisch tätig war, noch oft spüren sollten. Unser Erfinder hatte Angst, das Bekanntwerden dieser Patentanmeldung könne seiner politischen Laufbahn schaden, und so bediente er sich eines Strohmannes – August Schlüter –, dessen Rolle vertraglich exaktest festgelegt worden war. Das Kaiserliche Patentamt machte nicht mit, obwohl ein Medizinprofessor anhand von Erfahrungen, die er mit dem ihm zur Verfügung stehenden Krankengut erworben hatte, ein angesichts der Hungersnot rührendes Gutachten schrieb: „... Im übrigen kann ich nur betonen, daß die Wurst von allen Kranken ausnahmslos sehr gern gegessen wurde, und zwar von den meisten die Blutwurst noch lieber als die Leberwurst. Die Quantität, welche verabreicht wurde betrug 50–60 Gramm. Alle hätten gerne noch mehr gegessen ...". Das Verfahren wurde immerhin in Ungarn und sogar im feindlichen Ausland, und zwar in England, erfolgreich zum Patent angemeldet.

Auch der Umweltproblematik wandte sich unser Erfinder zu. 1936 begann sein Kampf gegen den Qualm und Ruß der Öfen und Fabrikschlote. Er wollte alle Schornsteine oben schließen, den Rauch durch Rohre absaugen und dann in die Abwässerkanalisation lenken. Das von ihm ersonnene „Verfahren und Einrichtung zur Verhütung der Verunreinigung der Luft durch die Abgase, den Ruß usw. der Feuerstellen" ist beim Reichspatentamt in Berlin unter der Nr. A80913V/241 registriert. In der Begründung heißt es:

„... Die vorliegende Erfindung setzt die Kosten der zentralen Absaugung der Abgase auf ein sehr erträgliches Maß herunter und vermeidet eine weitere Belastung der Straßenkörper durch Leitungen, indem sie die Abwasserkanalisation zur Zentralen Absaugung der Abgase benutzt ...". Im Falle des Versagens der Anlage: „Für den Notfall" könne man „die Schornsteine oben mit einer Klappe, Schieber schließen, die geöffnet werden kann, so daß nach ihrer Öffnung und bei gleichzeitiger Schließung der Verbindung mit dem Kanalsystem die Abführung der Abgase durch den Schornstein nach oben in die Luft stattfindet ...".

Die komplizierten Berechnungen der Gasvolumina, Gastemperaturen und Strömungsgeschwindigkeiten im Rohrnetz seien hier übergangen. Ein Patent wurde nicht erteilt. Die Behörde befand: „... Wenn der Saugzug ausfällt, so besteht die Gefahr, daß die Abgase durch die vorhandenen Kaminfeuerungen in die Wohnungen austreten ... zum Teil explosiv ...". Auch meinten die Gutachter des Patentamtes, „... daß in Großstädten, wo angeblich schlechte Luft herrscht, weniger Lungenkranke vorhanden sind als auf dem Lande mit einer ozonreichen Luft ...".

Unser Erfinder bekleidete nach dem Zweiten Weltkrieg ein sehr hohes Staatsamt, das höchste hat er verschmäht.

Eine energische Dame

1951, an einem bitterkalten Dezembertag läuten in der Methodisten-Kirche „Wesleyan Chapel" in der City Road, East London, die Hochzeitsglocken. Dem Ereignis angemessene Musik erklingt: Händels „Wassermusik", Bachs „Jesu, Joy of Man's Desiring" und Clarkes „Trumpet Voluntary". Beide, Braut und Bräutigam, hatten etwas mit Chemie zu tun. Er, von respektlosen Chronisten als „tall bespectacled extrovert" geschildert, verdankte seine Stellung als „managing director" seinem unternehmungslustigen Großvater, der Farmer in Kent gewesen war und einstens die glorreiche chemische Idee gehabt hatte, daß „sodium-arsenite" ein gutes Desinfektionsbad für seine reudigen Schafe sei und ein noch besseres Unkrautbekämpfungsmittel. Aus diesem einzigartigen Geistesblitz war die „Atlas Preservatives Company" hervorgegangen. Doch nun zu ihr: Selbst heutige Gegner – und an denen mangelt es gewißlich nicht – müssen zugeben, daß sie damals, ganze sechsundzwanzig Jahre jung, eigentlich eine recht hübsche Braut war. Sie trug ein auffallend dunkelblaues Samtkleid und ihr wohlgepflegtes Blondhaar steckte teilweise in einem „Gainsborough-style hat" mit gewaltigen auf die Schulter fallenden Straußenfedern. Sie war Chemikerin in der Forschungsabteilung der „J. Lyons & Co at Cadby Hall in Hammersmith" und beschäftigte sich dort mit der Abhängigkeit der Oberflächenspannung von chemischen Parametern – etwas profaner ausgedrückt: Sie entwickelte Emulgatoren für Speiseeis.

Es war ihr zweiter Job in einer Forschungsabteilung einer Firma. Vorher, 1947, hatte sie der Industrielle Stanley Booth für ein Gehalt von 350 Pfund im Jahr für die älteste Kunststoff-Firma des Vereinigten Königreichs, „British Xylonite", engagiert, wo sie sich ebenfalls mit einem Problem der Oberflächenspannung auseinanderzusetzen gehabt hatte. Ihre Aufgabe bestand jahrelang im Entwickeln von Klebstoffen für das damals noch ziemlich neue Polyvinylchlorid, vor allem für Klebstellen zwischen PVC und Holz oder Metall. Damals hatte sie sich – ihr echter, aber ungebräuchlicher zweiter Vorname lautet übrigens Hilda – in zwei Meilen Entfernung bei einer Witwe eingemietet, bei der sie durch besonders soliden Lebenswandel auffiel, jeden Morgen brav mit dem Werkbus in ihren „Burberry coat“ gehüllt in die Fabrik fuhr, wo sie von Mr. Booth als sehr gewissenhaft, sehr gründlich und als überaus arbeitsam, aber bar jeglicher Phantasie geschildert wurde. Mit jenem Sinn für heiteren Realismus, der unsere angelsächsischen Nachbarn zuweilen auszeichnet, meint Mr. Booth jedoch, daß dies gerade für die jetzige Tätigkeit der mittlerweile Hochberühmten von Vorteil sei. Daß sie einst so bedeutend werden würde, war in der Tat überhaupt nicht zu erkennen, als sie am 13. Oktober 1925 in einem Zimmerchen über dem Gemischtwarenladen – zu dem auch eine Poststelle gehörte – ihres Vaters, einem Lokalpolitiker in Grantham, geboren wurde. Ihr Vater war Methodistenprediger und entsprechend sittenstreng, der an Sinnenfreuden nicht gerade reiche Haushalt wurde von Chronisten als „teatotal“ geschildert. In der Schule fiel sie als besonders braves, stets lieb anzuschauendes Mädchen auf, war fast immer Klassenbeste, nur einmal zweite, kümmerte sich nie um Gleichaltrige männlichen Geschlechtes und ging nie Samstagabend zum Tanz, wie sich dies für einen Backfisch eigentlich gehörte. Emsig arbeitete sie auf ihre Abschlußqualifikation hin; sie hatte vor, an irgendeiner Universität Chemie zu studieren, vielleicht weil sie es mit ihrer Chemielehrerin, Miss M. K. Kay, genannt Katie, besonders gut konnte. Doch eigentlich besaß sie für ein Studium in Oxford nicht die richtige Vorbildung, da ihr Latein fehlte. In einer ungeheuren Willensanstrengung gelang es ihr, in einem sogenannten „Crash course“ das Fehlende nachzuholen, und so versuchte sie im Herbst 1942 die Aufnahmeprüfung für das

Somerville-College in Oxford, schnitt dabei gut ab, aber nicht gut genug, denn man zog ihr eine andere Kandidatin vor, die dieselbe Prüfung schon zum zweiten und damit zum letzten Mal gemacht hatte. Das war eine herbe Enttäuschung für sie. Doch sie resignierte nicht.

In ihre Schule in Grantham zurückgekehrt wurde sie Mitglied einer überaus erfolgreichen Hockey-Mannschaft, „House Captain“ und „Deputy Head Girl“. Doch plötzlich kam die Nachricht vom College, daß ein Platz frei geworden sei und sie kommen könne.

Bei ihrem Eintreffen in Oxford wurde sie als „an unsophisticated, lower-middle class Lincolnshire girl“ geschildert, das von Heimweh geplagt in untröstlicher Stimmung, völlig einsam, sich die Zeit mit Toasten von Teekuchen vertrieb. Weibliche Oxford Colleges waren ohnedies kein Hort wilder Lebenslust; make-up, Lippenstift und Nagellack waren verpönt, ebenso männliche Besuche. Doch dies alles war durch den Krieg noch schlimmer geworden und die düstere Situation wurde von ihren Chronisten lakonisch als „shortages of food, drink and men“ umschrieben, dementsprechend wurde sie Mitglied des Bach-Chores, der Scientific Society und der Methodisten-Gruppe. Wie die meisten ihrer Komilitoninnen bediente sie in der Mensa und ging auf Feuerwache wegen der zu erwartenden deutschen Fliegerangriffe, die nie kamen, weil, das konnte man aber nicht wissen, der Führer in seinem erträumten Großgermanischen Reich Oxford zu einer der heiligen Städte erheben wollte, und infolgedessen dort nie eine Bombe fiel. In den Semesterferien unterrichtete sie an einer Knabenschule. Über ihr Chemiestudium ist nicht viel überliefert. Offenbar war sie der Typ der absolut unauffälligen und braven Studentin. Termingerecht erwarb sie ihre Grade als B. Sc. und M. Sc. Sie galt als „determined and thorough student, but not a brilliant one“ und so erwarb sie einen „second-class degree, she was a good beta“. Bei der späteren Nobelpreisträgerin Dorothy Hodgkin arbeitete sie dann an ihrer Doktorarbeit über Röntgenstrahl-Kristallographie.

Ihre oben erwähnte Hochzeit war übrigens das Ende ihrer chemischen Laufbahn. Sie begann eine zweite, in der sie hochberühmt wurde und gegenwärtig noch ist; ein hübsches Beispiel dafür, daß ein Chemiestudium nicht immer etwas nützt, aber doch auch wieder nicht gerade schadet.

Es wurde ihr die herausragende Ehre zuteil, daß man sie zum Fellow der Royal Society wählte, was manchen bissigen Kommentar heraufbeschwor. Am 7. Juli 1983 veröffentlichte die englische Zeitschrift „New Scientist" anläßlich dieser Wahl einen Artikel, in dem man unter der hübschen Überschrift „Cream of the crop at Royal Society" Hildas Bild sehen kann, wie sie gerade ein unheimlich großes Molekülmodell in ihren gepflegten Händen hält, mit der heimtückischen Bildunterschrift „Ice cream maiden".

Für Leser, die immer noch nicht wissen, um wen es sich handelt, vielleicht weil der Fernseher kaputt ist, sei verraten, daß schnöde Karikaturisten sie gerne in die Nähe der Jungfrau von Orleans rücken, was aber ganz und gar ungerecht ist denn schließlich hat Hilda einem Zwillingspärchen das Leben geschenkt (was man von Johanna nicht sagen kann) und ist schließlich auch mit dem Vater ihrer Kinder verheiratet, wenn auch ihr armer Mann, mittlerweile gänzlich in den Schatten der hochberühmten Hilda getreten, in der Regenbogenpresse als der berühmteste Pantoffelheld der westlichen Hemisphäre gehandelt wird.

Metallisches

Ein Kinderfreund

Am 12. Januar 1716 wurde in Sevilla ein spanischer Grande geboren. Wir wollen ihn vorderhand Don Antonio nennen. Schon im zartesten Alter begann der zu schönsten Hoffnungen berechtigende junge Mann, am Colégio Mayor de Santo Tomàs Mathematik zu studieren. Im Alter von erst vierzehn Jahren ging er zur See und heuerte auf der Galleone San Luis an, die in Cadiz Segel setzte, um unter dem Kommando des Marqués de Torre-Blanca nach Porto-Bello und Havanna zu segeln. Erst 1732 kehrte das Schiff nach stürmischer Fahrt nach Cadiz zurück. Die Akademie der Wissenschaften zu Paris wollte nun gerade in diesem Jahr die genaue Form und die Größe der Erde ermitteln, um aus diesen Daten ein einheitliches Maßsystem ableiten zu können. (Aus diesen Bemühungen ging schließlich das Meter hervor.) Die Akademie rüstete zwei Expeditionen aus, die Meridianmessungen vornehmen sollten. Die eine Expedition unter der Führung des französischen Naturwissenschaftlers und Philosophen Pierre Louis Moreau de Maupertuis (1698–1759) wurde nach Lappland geschickt von wo Maupertuis außer einigen Lappenmädchen die Erkenntnis mitbrachte, daß die Erde keine Kugel sei, sondern eine apfelförmige Gestalt habe, wie dies schon Newton prophezeit hatte.

Mit der Leitung der zweiten Expedition, die nach Ecuador gehen sollte, wurde Don Antonio und sein Freund Don Jorge Juan y Santacilia beauftragt, die man beide trotz ihres jugendlichen Alters zu Lieutenants beförderte. Am 28. Mai 1735 setzten sie Segel. Am 29. September kamen sie in Panama an. In Guayaquil studierte Don Antonio die Herstellung des Guayaquil-Purpurs und des Kakaos. Dann nahm die Expedition ihren Weg durch die Vulkan-Region des Chimborasso und erreichte am 29. Mai 1736 Quito, wo die astronomischen Messungen vorgenommen wurden. Nach deren Beendigung schiffte sich Don Antonio auf der französischen Fregatte „Notre Dame de la Délivrance" ein. Leider wurde diese Fregatte von den Engländern vor Kap Breton aufgebracht und gekapert. So endete die Reise Don Antonios nicht ganz freiwillig in London. Allerdings behandelte man ihn sehr höflich und wählte ihn zum Fellow of the Royal Society. 1746 kehrte er nach Madrid zurück und schrieb zusammen mit seinem Freund Don Jorge Juan ein Buch in dem er seine Reise festhielt, und das sehr berühmt werden sollte: „Relacion Histórica del Viage á la América Meridional" (Madrid 1748). In diesem Buch beschrieb er erstmalig ein neues, bis dahin (fast) unbekanntes Metall: „In der Gegend von Chocó gibt es viele Minen für Lavadero (Waschgold) ... verschiedene dieser Minen mußten wegen des X (Anm.: X ist das gesuchte Metall) verlassen werden, einer Substanz, die wenn man sie auf einen stählernen Amboß schlägt, sich von diesem nur schwer wieder lösen läßt, auch ist sie schwer calcinierbar, so daß das Metall (Anm.: gemeint ist das Gold) – eingeschlossen in diesen hartnäckigen Körper – sich nicht ohne unendliche Mühe und Plage abtrennen läßt."

Leider konnte sich Don Antonio nicht, so wie er es sich gewünscht hatte, der Erforschung der Eigenschaften dieses neuen Metalles widmen, denn das Königreich Spanien übertrug ihm die Aufsicht über die Quecksilberminen von Almadén in Spanien. 1758 leitete er die Quecksilberminen von Huancavelica in Peru. Nach dem Vertrag von Fontainebleau, in dem Louisiana an Spanien fiel, wurde Don Antonio von König Karl III. von Spanien zum Gouverneur ernannt, mit Amtssitz in New Orleans. Jedoch die Kolonisten verübelten ihm „die ungebührliche Eile", mit der er sich von einem Schiffskaplan zu Balize – einem kleinen Kaff an der Missisippimündung – mit seiner aus Peru kommenden Braut trauen ließ. Auch wegen anderweitiger Anwürfe wurde er bald abgelöst und diente dann für längere Zeit als Flottenkommandant in der spanischen Flotte, bevor er nach Cadiz zurückkehrte. Ein Reisender hat ein liebenswürdiges Bild des alternden Don Antonio hinterlassen: „Ich fand ihn als einen vollendeten Philosophen, verständig und wohl informiert, lebhaft im Gespräch, frei und leicht in seinen Manieren ... Dieser große Mann, klein von Gestalt, bemerkenswert dünn und vom Alter gebeugt, gekleidet wie ein Bauer, umgeben von einer nicht zu zählenden Schar von Kindern, das jüngste im Alter von zwei Jahren auf den Knien, war bereit seine Morgenbesucher zu empfangen.“ Der gleiche Chronist gab auch ein hübsches Bild von der Wohnung Don Antonios: „Der Raum war etwa zwanzig Fuß lang und etwa vierzehn breit und weniger als acht Fuß hoch. In diesem sah ich durcheinander gestreut Stühle, Tische, Seekisten, Schachteln, Bücher und Papiere, ein Bett, eine Presse, Regenschirme, Kleider, Zimmermannswerkzeuge, mathematische Instrumente, ein Barometer, eine Uhr, Schußwaffen, Bilder, Ferngläser, Fossilien, Mineralien und Muscheln, sein Kochkessel, seine Barbierschale, zerbrochene Krüge, amerikanische Antiquitäten, Geld und eine seltsame Mumie von den kanarischen Inseln ...“

Don Antonio benannte das neue Metall nach einem Fluß in Mittelamerika und der Verkleinerungsform eines anderen Metalles. Eine Zeitlang wurde es in solchen Mengen gewonnen, daß Falschmünzer auf die Idee kamen, das Silber für die Silbermünzen damit zu strecken. Daraufhin ließ die königlich spanische Regierung die Vorräte ins Meer werfen. In späteren Zeiten hat die kaiserlich russische Münze das Metall zum Prägen von Rubelstücken verwandt. Pater Angelo Maria Cortenovis (1727–1801) glaubte irrtümlich, daß es identisch mit dem Elektrum der alten Griechen sei. Jedoch konnte Marcelin Berthelot zeigen, daß in einer altägyptischen Schatulle (700 v. Ch.) X enthalten war. Seltsamerweise steht das von Don Antonio beschriebene Metall auch heute noch in einem gewissen Zusammenhang mit den ursprünglichen Zielen der Pariser Akademie.

Was ist X? Wie hieß der Entdecker? Wie lautete der historische Name von X? Und worin besteht der erwähnte Zusammenhang mit dem Metermaß?

Ein bunter Vogel

Die moderne Technik benötigt eine Fülle metallischer Werkstoffe. Eine breite Anwendung findet der Wolframstahl, bei dem die Hitzebeständigkeit und Härte des Stahles durch Zusatz von Wolfram so erhöht werden, daß der Stahl selbst unter hoher Reibungswärme nicht erweicht. Doch wer war es, der einst auf die Idee kam, Stahl mit Wolfram zu härten? Diese Frage sollte ungewöhnlich leicht zu beantworten sein, denn jeder von uns kennt ein berühmtes Werk, zu dem der gleiche Mann einstens die Vorlage schrieb.

Ein Biograph sagte einmal über ihn: „Er war ein großes Genie aber gewissenlos in der Ausnutzung seiner Gaben und reichen Kenntnisse." – „Geboren 1737 in Hannover hatte er in Göttingen und Leipzig Naturwissenschaften und Philologie studiert, war 1762 in Hannover als Bibliotheksschreiber, dann als Bibliotheksecretair angestellt, 1767 als Professor des Carolinums, zugleich als Aufseher des markgräflichen Antiquitäten und Münzcabinets nach Kassel berufen, wo er auch zweiter Bibliothekar wurde. Die große Reihe seiner tüchtigen Arbeiten, litterarischen, mineralogischen, geologischen (die hessischen Vulkane betreffend) Inhalts in den ersten deutschen und englischen Zeitschriften verschafften dem äußerlich unansehnlichen Manne die Aufnahme in die Göttinger und die Londoner Societät der Wissenschaften ..."

Zu dieser Zeit freundet er sich mit einem Aristokraten an, der in kaiserlich russischen Diensten einige Feldzüge wider die Türken mitgemacht hatte. Als Benjamin Franklin einmal Hannover besuchte, traf er auch mit unserem gewissenlosen Genie und dessen aristokratischen Freund zusammen.

„... 1771 verheirathete er sich, 1773 machte er eine Jagdreise nach alten Handschriften durch Westphalen. 1775 sollte er, hochangesehen, eine ähnliche zum Ankauf von Alterthümern und Münzen für die landgräfliche Sammlung machen: da wurde er des Diebstahls von Münzen und Wertsachen aus den anvertrauten Instituten überführt ..." Er wurde in Clausthal gefangengesetzt „... entkam aber, steckbrieflich verfolgt, unter Fährlichkeiten nach England ..." Der Steckbrief beschrieb ihn als einen Rothaarigen mit einer seltsamen Neigung zu recht bunten, goldgesäumten Gewändern in den Farben: Rot, Schwarz, Blau und Grau.

„... Die gelehrten Gesellschaften strichen ihn aus ihren Listen, dennoch fand er als Schriftsteller und Bergwerkskundiger jenseits des Kanals wieder großes Ansehen, konnte aber zu fester Arbeitsstellung sich nicht entschließen ..." So kam es, daß 1787 im „Sechsten Stück" der „Chemischen Annalen für die Freunde der Naturlehre, Arzneygelahrtheit, Haushaltungskunst und Manufacturen von Lorenz Crell" sich eine kleine Veröffentlichung fand („Vom Herrn X in Cornwall"), in der es hieß: „... Ich erhielt verwichenen Monat (Jenner) zwey Mineralien ... allein, bis jetzt wären, sagte man, alle Versuche vergebens gewesen sie zu schmelzen, oder irgend ein Metall aus denselben heraus zu bringen ..." Dies gelang ihm nun, es war das kurz zuvor entdeckte Wolfram : „... Beyde Mineralien sind nichts anderes als Tungstein ... Der König, der nur sehr wenig Eisen enthält, ist ungemein hart, fest und feuerbeständig. Er schneidet Glas, wie gut gehärteter Stahl, und schickt sich daher sehr gut für eine Manufactur von allerhand Arten von hartem Arbeitszeuge ..."

Es beschäftigten ihn jedoch nicht nur mineralogische Analysen. Wieder ordnete und katalogisierte er berühmte Sammlungen, diesmal ohne Verluste für die Besitzer. Gleichzeitig betätigte er sich als Schriftsteller. Schon 1766 hatte er eine poetische ritterliche Romanze „Hermin und Gunilde" veröffentlicht, von der ein etwas späterer Literaturkritiker sagte, sie war „... nach dem Geschmack jener Zeiten ziemlich erträglich..."

1785 gelang ihm sein großer literarischer Wurf. Er verarbeitete Erlebnisse und Erzählungen seines einstigen aristokratischen Freundes zu einem kleinen Büchlein, das er anonym im Verlag von M. Smith in London erscheinen ließ und das des Aristokraten „narrative of his marvellous travels and campaigns in Russia“ enthielt. Das Büchlein erlebte bis heute unzählige Auflagen. Film und Fernsehen haben sich des abenteuerlichen Stoffes oft angenommen. Die deutsche Bearbeitung stammt von einem armen Poeten, der viel Kummer mit seinen drei Frauen hatte (insonderheit die letzte, Elise, führte einen argen Lebenswandel) und dessen Karriere von Friedrich v. Schiller mit Hilfe einer Rezension ruiniert wurde.

Vom Autor der Urfassung aber wurde vermeldet: „Als er zu Mucroß in Irland ein Kohlenbergwerk anlegen sollte, starb er am Fleckfieber gegen Ende 1794 ...“

Der Biograph wunderte sich einerseits über die Engländer, andererseits über die Untaten des gewissenlosen Genies, denn: „... trotzdem nannte ihn der „Catalogue of 500 celebrated authors of Great Britain“ unter dieser Zahl als „Fremden von Verdienst und Ruf““.

Wie hießen unser gewissenloses Genie, sein aristokratischer Freund und der Poet, der letzteren literarisch nach Deutschland reimportierte?

Ein spleeniger Brite

Nichts ist so schön, wie eine schöne Skandalgeschichte, vor allem für diejenigen, die nicht an ihr beteiligt sind. Der Skandal, der hier erzählt werden soll, erregte zu seiner Zeit ungeheures Aufsehen und wurde auch in späteren Jahrzehnten noch oft diskutiert. Im übrigen ist die Geschichte ein moralisch höchst erbauliches Beispiel dafür, daß man sich in dieser Welt auf nichts verlassen sollte, und sie zeigt auch, welche Gefahren einem Wissenschaftler drohen, der sich in Vorurteile verrennt.

Im April 1803 passierte in London Seltsames. Es erschien ein anonymes Flugblatt, in dem ein „... new silver ... a new nobel metal ..." angeboten wurde.

Ein unbeschreiblich altmodischer, in einem Gemisch aus alchemistischen Ausdrücken und Handelsenglisch gehaltener Text bot ein vorher völlig unbekanntes, in keiner wissenschaftlichen Zeitschrift je zuvor beschriebenes neues Metall an. Ja, es wurden sogar acht Eigenschaften dieses Metalles aufgeführt, wie z. B. „1. It dissolves in pure spirit of nitre (zu deutsch: Salpetergeist), und makes a dark red solution ...". Und dann hieß es noch: „... It is sold by Mr. Foster, at No. 26 Gerrard Street, Soho, London; in Samples of Five Shillings, Half a Guinea, & One Guinea each."

Um die gleiche Zeit gab es einen hoffnungsvollen jungen Mann aus gutem, wenn auch durch die politischen Wirren jener Zeiten geschädigten Elternhaus. Er entstammte einer nach Irland geflohenen Hugenottenfamilie. Bei einem Frankreichaufenthalt während der Französischen Revolution hatte man ihn gefangen gesetzt. Das Unglück wollte es, daß sein Zellengenosse Chemiker war (der Name wurde übrigens nicht überliefert), der unserem jungen Mann, wir wollen ihn Richard X nennen, gründliche Kenntnisse der Chemie beibrachte. So kam es, daß aus Richard X ein Analytiker wurde, der sich, wieder in Freiheit, als Chemiker durch gute Analysen von Korunden und Saphiren einiges Ansehen erwarb.

Richard X sagte sich, daß die Ankündigung eines neuen Metalls in einem anonymen Flugblatt nicht mit rechten Dingen zugehen könne, und lenkte seine Schritte nach Soho zu jener durchaus zwielichtigen Adresse. Doch zu seiner Überraschung war die Adresse echt, und tatsächlich gab es auch ein Metall zu kaufen. Er erwarb den gesamten Vorrat (332 grains für 15 guineas). Unserem tüchtigen Analytiker schien das alles sehr verdächtig, denn: „The mode adopted to make known a discovery of so much importance, without the name of any creditable person except the vendor, appeared to me unusual in science and was not calculated to inspire confidence ...“. Er kam zu dem Schluß, daß es sich bei dem neuen Metall um eine Legierung aus Platin und Quecksilber handeln müsse. Mit der Synthese des Materials hatte er allerdings gewisse Schwierigkeiten. Immerhin gelang es ihm einige Male, ein ähnliches Metall zustande zu bringen. Daraufhin ließ er seine Arbeit in der Royal Society verlesen, und sie wurde in den „Philosophical Transactions“ veröffentlicht.

Nun hätte die Sache eigentlich zu Ende sein können, jedoch es ging weiter wie in einem echten englischen Kriminalroman. In Nicholsons Journal erschien eine anonyme Anzeige, wieder in sehr altertümlichem Stil gehalten. Der Text zu dieser Anzeige war – wie der Herausgeber Mr. Nicholson schrieb – von der 2 Penny Post anonym zugestellt worden, doch die Handschrift sei die nämliche wie die auf einem Begleitbrief zu einer Probe des neuen Metalls, die ihm ebenfalls anonym zugeschickt worden war. In der Anzeige bot der geheimnisvolle Entdecker eine Belohnung von zwanzig Pfund für die künstliche Darstellung seines Metalles, das er übrigens nach einem damals neu entdeckten Planetoiden benannt hatte. Mr. Nicholson nahm die Sache ernst und begab sich nach Soho, um sich von Mr. Foster tatsächlich die ausgesetzte Summe zeigen zu lassen, die diesem, wie der geheimnisvolle Entdecker geschrieben hatte, ausgehändigt worden war. Für den Fall, daß sich Richard X oder ein anderer das Geld hätten verdienen wollen, gründete er ein Schiedsgericht, vor dem ein Bewerber hätte experimentieren müssen.

Diese Maßnahme erwies sich indes als überflüssig. Am 24. Juni 1804 verlas der gleiche Gelehrte, der Richard X Arbeit an der Royal Society vorgetragen hatte, eine neue Veröffentlichung: „On a New Metal, Found in Crude Platina". Auch in ihr wurde die Entdeckung eines neuen Metalls mitgeteilt, das aber mit dem anderen Metall nicht identisch war. Am 23. Februar 1805 erschien dann ein Brief an den Herausgeber in Nicholsons Journal, in dem der gleiche Gelehrte zugab, auch der geheimnisvolle Entdecker des ersten Metalles zu sein. Es waren also zwei neue Metalle entdeckt worden.

Zum Schicksal der beiden Helden wäre noch nachzutragen, daß es Richard X von da an vorzog, in Frankreich zu wirken, wohingegen der geheimnisvolle Entdecker noch sehr berühmt wurde. Er war übrigens von Haus aus Arzt, der sich, da er den Anblick der leidenden Menschheit nicht mehr ertragen konnte, als Privatgelehrter betätigte. In unserer dem Spezialistentum verfallenen Gegenwart wird es befremden, daß sich seine (nur!) 56 (dafür aber erfolgreichen) Publikationen mit folgenden Gebieten befaßten: Astronomie, Optik, Mechanik, Akustik, Mineralogie, Kristallographie, Physiologie, Pathologie, Botanik und schließlich Chemie. Er erfand die Grundform des heute noch benutzten Goniometers und den chemischen Rechenschieber.

Wie hießen die beiden damals entdeckten Metalle? Wie hieß der geheimnisvolle Entdecker? Wie hieß unser junger Analytiker Mr. X?

Forscher, um den wissenschaftlichen Fortschritt ringend

Ein Dandy und Forellenfischer

Im ersten Drittel des vorigen Jahrhunderts fand einer der größten Chemiker jener Zeiten, ein reiselustiger, vornehmer Herr, den wir mit echtem Adelsprädikat und falschen Initialen Sir X nennen wollen, in einem posthum erschienenen höchst eigenartigen, aber in mancher Hinsicht für einen englischen Edelmann recht typischen Werk mit dem seltsamen Titel „Consolations in Travel, or the last days of a Philosopher" folgende Worte für seine geliebte Wissenschaft:

„... Der wesentlich nothwendige Apparat für einen modernen Chemiker ist bei Weitem viel weniger umständlich und kostbar, als der der alten Chemiker war. Eine Luftpumpe, eine Elektrisirmaschine, eine Voltaische Säule – alles Dieses etwa in kleinem Maaßstabe – ein Löthrohr, ein Blasebalg und eine Schmid-Esse, ein mit Quecksilber und ein mit Wasser zu sperrender Gasapparat, Becher und Schalen von Platina und Glas und die gewöhnlichen chemischen Reagenzien: dieß ist Alles was erfordert wird. Alle nothwendigen Geräthschaften können in einen kleinen Koffer gepackt werden, und einige der trefflichsten und feinsten Untersuchungen von Chemikern der neueren Zeit sind mit einem Apparat angestellt worden, welcher leicht in einer kleinen Reise-Chaise Platz hätte, und für wenige Pfund Sterling angeschafft werden könnte. Die Leichtigkeit, womit chemische Untersuchungen angestellt werden, und die Einfachheit des Apparates sind ... wohl ebenfalls Empfehlungen für den Betrieb dieser Wissenschaft. Die Chemie ist der Gesundheit nicht nachtheilig: der moderne Chemiker setzt sich nicht, wie der in frühester Zeit, den größten Theil seines Lebens hindurch der Hitze und dem Rauche des Ofens, oder den schädlichen Dünsten von Säuren und Alkalien oder andern Auflösungsmitteln aus, von welchen man damals für eine einziges Experiment mehrere Pfunde verbrauchte. Die Operationen können dermalen in dem Cabinete des Chemikers angestellt werden, und mehrere von ihnen sind nicht minder schön in der Erscheinung, als befriedigend in ihren Resultaten. Ein Schriftsteller des vorigen Jahrhunderts hat von der Alchemie gesagt, „ihr Anfang sey Betrug, ihr Fortgang Mühe und ihr Ende Armuth gewesen". Von der modernen Chemie dürfte man sagen: ihr Anfang sey Vergnügen, ihr Fortschreiten Kenntnis, und ihre Gegenstände seyen Wahrheit und Nützlichkeit ..."

Doch wie sollten denn die Chemiker beschaffen sein, die mit kleiner Ausrüstung und frohem Herzen der Natur ihre Geheimnisse ablauschten?: „... Geduld, Fleiß und Reinlichkeit in der Manipulation, Genauigkeit und sorgfältige Schärfe im Beobachten und Notiren der vorkommenden Erscheinungen. Eine stäte Hand und ein schnelles Auge sind nützliche Bundesgenossen ..."

So ganz ungefährlich kann aber diese eher aristokratische Chemie auch damals nicht gewesen sein: „... aber nur wenige große Chemiker haben diese Vorteile ihr Lebelang erhalten; denn das Geschäft des Laboratoriums ist oft ein gefährlicher Dienst, und die Elemente entschlüpfen bisweilen, gleich den widerspenstigen Geistern im Mährchen, obschon sie gehorsame Sclaven des Magiers sind, dem mächtigen Einflusse seines Talisman's, und gefährden seine Person. Man kann übrigens nicht selten mit Vortheil Hand und Auge Anderer gebrauchen" ... Diesem eher aristokratischen Standpunkt oblag Sir X in besonders hohem Maße, doch reiften seine andere Hand und Auge ebenfalls zu einem der Größten in den Wissenschaften des vorigen Jahrhunderts heran.

„Was der Mensch am meisten liebt, das bringt ihn um!" soll ein griechischer Philosoph einst gesagt haben. Noch mehr als die Chemie schätzte Sir X das Leben auf dem Wasser und seine heiß geliebten Angelruten. Die leichte Chaise hatte ihn und einen Freund – im Buche Eubathes genannt – nach Österreich entführt:

„... Eubathes, der sehr gerne mit Fliegen fischte, unterhielt sich damit oberhalb des Falls Aeschen für unser Mittagsmahl zu fangen. Ich bestieg eines der Boote, mittelst welcher man Salz und Holz aus Oberösterreich zur Donau hinabführt, indem sie hier dem Canal und der Schleuße folgen, welche neben dem Fall durch die Felsen gehauen ist, und ich begehrte von zwei Bauern, mit meinem Diener das Boot an einem Seile auf diesem Wege zu dem Fluße unterhalb des Falles hinabgleiten zu lassen. Mein Vorhaben war, mich durch diese schnelle Art von Bewegung in der Schleuße zu unterhalten. Einige Augenblicke glitt das Boot ruhig in dem glatten Strome dahin, und ich erfreute mich der Schönheit der Scene, die sich rings um mich bewegte, indem ich mein Auge auf den herrlichen Regenbogen heftete, der sich von dem Flugwasser des Falles über mein Haupt wölbte. Plötzlich ward ich durch einen Schrei des Entsetzens meines Dieners aufgeschreckt, und als ich um mich sah, bemerkte ich, daß das Stück Holz, woran das Tau befestigt worden, losgegangen war, und daß das Boot, den Wogen überlassen, stromäbwärts trieb ...“

Ohne Steuerung und Ruder verfehlte Sir X den Weg in den Kanal und geriet in den Traunfall, der: „... an Größe mit dem von Schaffhausen verglichen“ werden kann:

„... Ich hatte Geistesgegenwart genug, zu überlegen, ob es sicherer seyn würde, aus dem Boote zu springen oder darin zu bleiben; und ich zog das Letztere vor. Ich sah von dem Regenbogen nach der hellen Sonne über meinem Haupte, als sollte ich für immer von dem herrlichen Gestirne Abschied nehmen; noch einen frommen Athemzug that ich zur Quelle des Lichts und des Lebens; alsogleich betäubte mich der Donner des Falls und Dunkelheit umfing meine Augen ...“

Doch Sir X überlebte, wenn auch arg geschunden: „... als ich aufsah, erblickte ich das helle Auge und das edle Antlitz des unbekannten Fremden, dem ich in Pästum begegnet war. Mit schwacher Stimme sagte ich: ‚Ich bin in einer anderen Welt‘ – ‚Nein‘ – entgegnete der Fremde, ‚sie sind gerettet in dieser!‘ ...“

Britische Chemiehistoriker haben oft langwierige Betrachtungen angestellt, wer sich denn wohl hinter der Figur des Unbekannten aus Pästum verbergen könne. Doch die deutsche Ausgabe der „Consolations" gibt dieses Geheimnis ohne weiteres preis. Ein kleines Sternchen bei Pästum weist auf eine das große Rätsel lapidar lösende Fußnote: „... Die Person, die Sir X aus dem Traunfall errettete, war seine Majestät Ludwig, König von Bayern ..."

Der nationalbayrisch empfindende Chronist, in dem kleinen Bändchen eiligst zurückblätternd, erfuhr folgende, auch chemische Begebenheit, zu deren Verständnis angeführt sei, daß Ludwig I. ein umfassend gebildeter Mann war, sehr im Gegensatz zu heutigen Staatsoberhäuptern und Politikern fließend zahlreiche Sprachen beherrschte und seine Umwelt zuweilen mit historisierendem Mummenschanz zu necken pflegte. Ort der Handlung ein Tempel in Pästum:

„... Er war, als wir ihn erblickten, beschäftigt, in sein Tagebuch zu schreiben; aber er stand sogleich auf, und grüßte mit einer leichten, doch graziösen Bewegung des Kopfes ... er redete unseren Führer mit ungewöhnlicher Leichtigkeit im neapolitanischen Dialekte an ... Ein großer abgetragener weißer Hut, an welchem eine Pilgermuschel befestigt war, lag neben ihm auf dem Boden; und an einem roh gearbeiteten, um den Nacken geschlungenen Rosenkranz hing eine lange, antike, blau emaillirte Phiole, dergleichen in griechischen Gräbern gefunden werden. Ich sprach italienisch; er antwortete englisch ...‚ich trage diese Flasche hier an meiner Seite als ein muthmaßliches Schutzmittel gegen die Wirkung der Malaria' ... Ich erlaubte mir, ihn zu fragen, was die Phiole wohl enthielte, da eine solche Wohlthat verdiente, der ganzen Welt bekannt zu werden. Er antwortete: ‚Es ist eine Mischung, welche langsam den in der Chemie Chlorine (Anm.: Chlor) genannten Stoff entwickelt, von welchem bekannt ist, daß er zerstörend auf Ansteckungsstoffe wirkt' ..."

Als Hilfe sei verraten, daß Sir X' großes Lebenswerk unter anderem in der Darstellung von bestimmten Metallen mittels der Schmelzelektrolyse bestanden hat und er mit Hilfe dieser Methode einige Metalle als erster dargestellt hat.

Ein Liebhaber der Katzen und der Musik

Es war einmal ein kaukasischer Fürst, Luka Semenovich Ghedeanishvili. Gerne oblag dieser seinem Hobby: Frauen. So kam es, daß am 11. 11. 1833 die junge Frau eines Armeearztes mit einem illegitimen Sohn des Fürsten niederkam. Da der Arzt seinen Namen nicht hergeben wollte, der Fürst aber nicht der Vater sein durfte, so bekam der Knabe den Familiennamen eines fürstlichen Dieners. Der Junge wuchs in St. Petersburg bei seiner Mutter auf, die ihn schon früh Englisch, Französisch und Deutsch lehrte. Bereits als kleiner Junge arbeitete er in einem eigenen Laboratorium. Er studierte dann an der Kaiserlichen Akademie für Medizin in St. Petersburg, wo er sich hauptsächlich mit Botanik und Chemie beschäftigte. 1858 erwarb er seinen Doktor mit einer chemischen und toxikologischen Studie über Arsen und Phosphorsäure. Nun ging er für drei Jahre ins Ausland, die er von kurzen Abstechern nach Paris und Italien – letztere in Begleitung von Mendelejev – abgesehen, in Heidelberg verbrachte, wo er in den Laboratorien von Kekulé und Erlenmeyer über Aldehyde arbeitete. 1862 kehrte er nach Rußland zurück und wurde a.o. Professor für organische Chemie an der Universität. 1864 wurde er Ordinarius an der Medizinischen Akademie. Ein Schüler hat später sein Leben so beschrieben:

„... er lebte in einer Wohnung, die auf dem gleichen Flur wie sein Laboratorium lag. Er verbrachte ganze Tage inmitten seiner Studenten. Von einem sehr gelassenen Temperament beherrscht, war er stets bereits seine eigenen Arbeiten zu unterbrechen und Fragen seiner Studenten zu beantworten, die sich bei ihm ganz wie zu Hause fühlten. Nie vergaß er jedoch seine Musik. Er summte immer bei der Arbeit vor sich hin, und oft diskutierte er über die musikalischen Tagesneuigkeiten, die verschiedenen Musikalischen Schulen und über die technischen Feinheiten moderner Kompositionen. Oft hörten wir die Töne seines Klaviers. Über allem war es seine Freundlichkeit, die unsere Bewunderung gewann. Ohne Furcht, zurückgewiesen zu werden oder eine ausweichende Antwort zu erhalten, konnten wir immer zu ihm kommen und unseren Ideen freien Lauf lassen. ... Die einzigen Zeichen der Ungeduld wurden durch unsere Nachlässigkeiten hervorgerufen und er pflegte dann zu sagen: ‚Wie kann man in einem so schönen Laboratorium einen so grauenvollen Gestank machen!' und er schickte den unvorsichtigen Studenten in einen anderen Raum ... Die Studenten nahmen ihre Mahlzeiten in seiner Wohnung ein, wenn sie längere Zeit im Labor zu tun hatten. Sein Haus war für junge Leute immer offen ..."

Der Komponist Rimskii-Korsakov beschrieb ihn als einen kultivierten, herzlichen und geistreichen Menschen, der das Leben eines vollendeten Bohemiens führte. Die Wohnung war unordentlich. Feste Essenszeiten gab es nicht. Vom Komponieren lief er ins Labor, um nach den Experimenten zu sehen – vom Labor zurück ans Piano. Größere Kompositionen entstanden nur, wenn er krank zu Bette lag. Die Wohnung war voller Katzen: eigene Katzen, fremde Katzen, die die eigenen besuchten, gefundene arme Katzen und Nachkommen aller dieser Katzen.

Seine Forschungen beschäftigten sich mit den Doppelverbindungen der Fluoride und deren Reaktionen mit organischen Verbindungen. Er untersuchte die Reaktion von Zinkäthyl auf Chlorjodoform. Der Hauptgegenstand seiner Bemühungen waren aber die Eigenschaften der Aldehyde. Da es deren aber bekanntlich sehr viele gibt, so brachte dies manche Überraschung mit sich. 1872 fand er fast gleichzeitig wie Wurtz die Aldolkondensation. Er untersuchte die Capron- und Isocapronsäure, die er aus Valeraldehyd dargestellt hatte, und deren Derivate. Die gefundenen Synthesemöglichkeiten wandte er auf eine Vielzahl von Verbindungen an. Später dehnte er seine Forschungen auf aromatische Aldehyde aus. Er war ein großer Befürworter des Frauenstudiums.

Seine Forschungen über Aldehyde sind heute vergessen, doch in der Musik lebt sein Name weiter. 1869 begann er seine große Oper, die er nie vollendete, die aber, von einem Freund bearbeitet, noch heute gespielt wird. Daneben schrieb er drei Symphonien und einige Kammermusikwerke. Er war Mitglied der Kutschka, einer kleinen Vereinigung russischer Komponisten, die sich die Erneuerung der russischen Musik zur Aufgabe gesetzt hatte. 1867 leistete er sich anonym einen musikalischen Scherz, der allerdings vom Publikum übel aufgenommen wurde und schrieb eine musikalische Posse in fünf Akten „Bogatyri" (Helden), eine Parodie auf die Oper „Judith" von Serov – ein recht bombastisches Werk, wobei er dem Publikum wohlbekannte Melodien von Meyerbeer, Rossini, Offenbach, Verdi und Serov selbst einbaute, zusammen mit eigenen Kompositionen. 1936 wurde dieses Werk mit modernisiertem Libretto wieder aufgeführt, aber schon nach zwei Tagen aus dem Repertoire gestrichen, da das Kunstkomitee im Rat der Volkskommissare der Meinung war, daß dieses Werk den Fortschritt in Rußland lächerlich mache und damit kein Bestandteil der Sowjetkunst sei.

Der Tod ereilte unseren Helden, als er 1887 einen Maskenball besuchte. Maskiert in russischer Nationaltracht, mit Freunden plaudernd, brach er plötzlich zusammen und war sofort tot.

Die farbigsten Einer

Dieses Rätsel ist einem philosophischen Problem gewidmet – der Frage nämlich, ob man dem Walten Gottes in der Natur auch in Saucen nachspüren kann.

Denn es war einmal ein siegestrunkener französischer General, der in einem der allzu zahlreichen Kriege des 18. Jahrhunderts eine nicht sehr bedeutsame Schlacht in der Nähe des kleinen Städtchens Mayonne gewonnen hatte. Gebieterisch befahl er seinem Regimentskoch, aus der königlichen Beute ein Festmahl zu bereiten. Die Beute bestand aber nur aus Eiern und Olivenöl. Der anfänglich völlig ratlose Koch schuf aus diesen Ingredenzien eine neue Sauce, die er nach der siegreichen Schlacht „La Mayonnaise" nannte. Diese gibt es noch heute, die Schlacht hat man vergessen. Der Koch hatte mit der Mayonnaise ein neues Problem geschaffen: Denn wie eigentlich hält sie zusammen?

Gut anderthalb Jahrhunderte später hat dieser Frage ein berühmter Schweizer Chemiker, dessen Name noch heute jeder Anfänger der organischen Chemie im Zusammenhang mit der Theorie organischer Farben lernen muß, einen eigenen Artikel gewidmet. Das Licht dieser Welt hatte unser Chemiker zufälligerweise in St. Petersburg erblickt, sein wissenschaftliches Leben führte ihn unter anderem als Industriechemiker nach England und als Hochschullehrer nach Deutschland, so an die TH Charlottenburg.

Er ist der Entdecker vieler Farbstoffe. Innerhalb der frühen Farbstoffchemie ist sein Name ein Stern erster Größe. Daß er schriftstellerisch ausgerechnet der Mayonnaise näher trat, lag daran, daß er eine zu seiner Zeit sehr berühmte Plaudertasche mit philosophischen Ambitionen war. Diesen Ambitionen hatte er eine eigene Zeitschrift gewidmet, den „Prometheus".

Im Prometheus veröffentlichte er weitschweifige, in einem behaglichen, breiten Deutsch geschriebene Artikel, die einer gemütvollen Weltbetrachtung gewidmet waren. Als dann Prometheus in die Jahre kam, faßte er seine Betrachtungen zu einem dreibändigen Werk zusammen, mit dem sinnigen Titel: „Narthekion – Nachdenkliche Betrachtungen eines Naturforschers", ein seinerzeit recht beliebtes Buch, obwohl es eine seiner populärsten Abhandlungen über die Frage: „Warum schneidet man die Wurst schräg?" nicht enthielt. Wie es sich für eine dichterische Seele gehört, gab er zu Beginn jeden Bandes seinem Pegasus ganz besonders die Sporen, und so entstanden innige Widmungsgedichte an seine Frau Ethel:

„Wie im Wind am Fenster klopfen
Einer Kletterrose Ranken,
Also kommen, Einlaß bittend,
Zu Dir flatternde Gedanken ...
Alle sagen: Dieses Leben,
Wert ist's doch, gelebt zu werden,
Wenn eines Engels sanfte Schwingen
Uns umfächeln schon auf Erden!"

Nun, ein Flattergedanke behandelte die Mayonnaise und war einer Gastgeberin gewidmet, die den rechten Zusammenhang zwischen den von Gott dem Allmächtigen geschaffenen Naturgesetzen und ihren eigenen Kochkünsten nicht so recht durchschauen wollte:

„... Sie nahmen das Gelbe von einem Ei und vermengten es mit allerlei Gewürzen; dann fügten Sie unter stetem Rühren das Oel hinzu. Aus dem anfangs flüssigen Gemenge wurde bald ein steifer Brei. Als Sie dann aus Versehen das Öl etwas zu rasch hatten einfließen lassen und die Mayonnaise begann klumpig zu werden, da wußten Sie der Gefahr zu begegnen, indem Sie eine kleine Menge Senf hinzufügten ... und so gleichmäßig war die Mischung, daß selbst der am Schlusse zugesetzte Essig sich ohne Mühe einverleiben ließ ... Schmeckt denn das Ei in der Sauce? ... Sie lachen gnädige Frau? Sie fragen mich, ob ich denn nicht wüßte, daß man ohne Ei keine Mayonnaise machen kann? ... Eine Mayonnaise ist eine Emulsion, das heißt, eine innige Mischung ihrer wäßrigen und öligen Bestandteile, welche, ohne sich gegenseitig zu lösen, in feinen Tröpfchen nebeneinander liegen ... Aber solche Emulsionen entstehen nicht ohne weiteres ... Es gibt aber gewisse Substanzen, welche, in geringer Menge in wäßrigen Flüssigkeiten gelöst, die Emulgierung von Fetten, die man mit ihnen mischt, begünstigen. Es gibt auch Fette, welche eine weit größere Neigung zur Emulsionierung zeigen, als das Olivenöl. Es sind dies die sogenannten Cholesterinfette ... Das Eidotter ist eine höchst vollkommene, von der Natur selbst bereitete Emulsion. Das in ihm enthaltene Fett, das sogenannte Eieröl, ist ziemlich reich an Cholesterinfett, und das mit diesem Öl gemischte flüssige Eiweiß enthält eine jener sonderbaren Substanzen, welche die Emulsionswirkung begünstigen. So hat uns die Natur im Eidotter gewissermaßen eine begonnene Mayonnaise zur Verfügung gestellt, welche wir umso leichter und sicherer durch weiteren Zusatz von Öl verlängern können, als im Eidotter weit mehr von den die Emulgierung begünstigenden Substanzen enthalten ist, als für die geringe Menge des schon darin suspendierten Fettes erforderlich ist ... Auch der Senf enthält reichliche Mengen einer Substanz, welche die Emulsionierung der Fette begünstigt ... (Es folgt eine Betrachtung über die Häufigkeit und den Nutzen der Emulsionen in Milch und den verschiedenartigsten Samen) ... Ist es nicht wunderbar, daß die Natur überall da für Emulsionierung der Fette sorgt, wo es sich darum handelt, zarte, in der Entstehung begriffene Organismen zu pflegen und zu entwickeln? ... So sind wir von der Mayonnaise zur regelrechten Naturphilosophie gekommen ... Für heute glaube ich Ihnen bewiesen zu haben, daß Küche und Keller voll von Naturgesetzen sind. Dem Walten und der sinnreichen Ausnutzung dieser Gesetze verdanken Sie, gnädige Frau, Ihre Erfolge als Hausfrau. Vielleicht blicken Sie in Zukunft gnädiger auf die gleichen Naturgesetze, wenn sie Ihnen in der weiten Gotteswelt begegnen, die doch auch Ihr Haus ist ...“

Eine in jeder Hinsicht strahlende Familie

Auch die Verfasser von Rätseln haben so ihre Marotten. Der Verfasser dieser Zeilen bewegte schon lange den Plan in seinem Herzen, einmal ein chemisches Rätsel zu basteln, in dem überhaupt keine Chemie vorkommen würde. Man könnte nun fragen, was der Leser von einem solchen Rätsel hätte? Nun – z. B. aus dem folgenden könnte er die Gewißheit schöpfen, daß, auch ganz Berühmte ein ganz normales, vielleicht etwas kitschiges Liebesleben durchleben:

„... *Hart ist die Jugend der Studentin,*
Mit stets erneuter Lust
wandeln die anderen auf Wegen
der Freude.
Und doch in ihrer Einsamkeit
Lebt sie ungekannt und selig,
Denn in ihrer Zelle findet sie
Die Inbrunst, die das Herz weitet ..."

So beginnt die Übersetzung eines Gedichts ins Deutsche, das 1894 eine Studentin „mit keckem Blick und entschlossenem Kinn" verfaßte. Sie sollte nicht für immer allein in ihrer Zelle bleiben. Er hielt schon Ausschau, wenn er auch noch ein wenig herablassend über Frauen philosophierte:

„... Die Frau, weit mehr als wir, liebt das Leben um des Lebens willen: geniale Frauen sind selten. Wenn wir Männer also, von einem geheimnisvollen Gefühl getrieben, einen Weg beschreiten wollen, der uns von der Natur entfernt, wenn wir alle unsere Gedanken einem Werk widmen, das uns den uns nahestehenden entrückt, haben wir mit den Frauen zu kämpfen ... Die Geliebte will gleichfalls den Mann besitzen und würde es ganz selbstverständlich finden, wenn man den größten Geist der Welt einer Liebesstunde opferte. Der Kampf ist fast immer ungleich, weil die Frauen die gerechte Sache für sich haben: denn es geschieht im Namen des Lebens und der Natur, daß sie versuchen, uns zu sich zurückzuführen ..."

Mit der Natur ist nicht zu spaßen. Jahre später hat Sie die erste Begegnung mit Ihm so geschildert:

„... Als ich eintrat, stand er in der Nische der Balkontür. Er sah sehr jung aus, obwohl er damals fünfunddreißig Jahre alt war. Was mir an ihm auffiel, war der Blick seiner hellen Augen und eine Spur von Lässigkeit in der Haltung seines hochgewachsenen Körpers. Die etwas langsame bedächtige Sprechweise, seine Schlichtheit, das zugleich ernste und junge Lächeln hatten etwas vertrauenserweckendes. Es entwickelte sich ein Gespräch zwischen uns, das bald freundschaftlichen Charakter annahm; wir sprachen über wissenschaftliche Fragen, und ich war glücklich, mich mit ihm beraten zu können ..."

Doch der junge Gelehrte hat Schwierigkeiten mit sich selbst. Noch wehrt er sich ein bißchen, wenn auch recht wortreich, gegen die Natur und die Liebe: „... Schwach wie ich bin, müßte alles, was mich umgibt, unbeweglich sein, wenn mein Kopf nicht von jedem Wind, jedem Lufthauch, der mir begegnet, gebeugt werden soll, oder ich selbst müßte, geschwellt wie ein surrender Kreisel, durch die Bewegung den äußeren Dingen unerreichbar sein. Wenn ich, im Begriff, mich langsam um die eigene Achse zu drehen, eben dabei bin, loszuschnellen, ist ein Nichts – ein Wort, eine Mitteilung, eine Zeitung, ein Besuch – imstande, mich daran zu hindern, Gyroskop oder Kreisel zu werden ... Es geht darum, daß wir essen, trinken, schlafen, lieben, daß heißt, mit den schönen Dingen des Lebens in Berührung kommen und trotzdem die Oberhand behalten müssen ..."

Aber offenbar macht es doch nicht immer Spaß, nur als Kreisel um sich selbst zu brummen, und so folgen erste Liebesbriefe: „10. August 1894. ... Die Aussicht, zwei Monate zu verbringen, ohne von Ihnen zu hören, war mir außerordentlich unangenehm ... Wir haben uns versprochen (nicht wahr?), große Freundschaft zu halten. Daß Sie es sich nur nicht überlegen! ...“

Es folgte die Phase des Absteckens gemeinsamer, aber auch verschiedener politischer und sozialer Anschauungen. Er an Sie, 7. Sept. 1894:

„... Was würden Sie von jemanden denken, der mit dem Kopf gegen eine Steinmauer anrennt, in der Absicht, sie umzustürzen? Dies könnte eine Idee sein, die in sehr schönen Gefühlen ihren Ursprung hat, doch wäre diese Idee tatsächlich lächerlich und dumm ...“

Noch zögern beide, vor allem Sie, doch man beginnt die Verwandtschaft schonend auf das kommende vorzubereiten:

„17. Sept. 1894. ... Ihr Brief hat mich sehr beunruhigt, ich fühle, wie verwirrt und unentschlossen Sie sind ...

Ich habe meinem Bruder Ihre Photographie gezeigt. Hätte ich das nicht tun sollen? Sie gefallen ihm sehr. Er hat hinzugefügt: ‚Sie sieht sehr dezidiert und sogar eigensinnig aus‘ ...“

Es gelingt ihm durch Ausdauer, ihren Eigensinn zu brechen, und eines Tages schreibt Sie recht nüchtern nach Hause:

„... das alles hat sich sehr rasch und plötzlich entschieden. Ein ganzes Jahr lang habe ich gezögert und wußte nicht, wozu ich mich entschließen soll. Endlich habe ich mich mit dem Gedanken abgefunden, mich hier niederzulassen ... Mein Mann ist Lehrer an dieser Schule ...“

Wie arm Sie tatsächlich ist, merkt man an ihren Schwierigkeiten mit dem Brautkleid. Sie berichtet nach Hause:

„... Ich besitze kein anderes Kleid als mein Alltagskleid. Wenn Sie so gütig sein wollen, mir eines zu schenken, möchte ich ein dunkles sehr praktisches haben, das ich täglich anziehen kann, wenn ich ins Laboratorium gehe ...“

Sie erweist sich als recht praktische, anspruchslose Hausfrau:

„23. Nov. 1895 ... Ich richte nach und nach meine Wohnung ein, aber ich gedenke einen Stil beizubehalten, der mich jeder

Sorge enthebt und keinerlei besondere Pflege erfordert, denn ich habe sehr wenig Bedienung: eine Frau kommt täglich für eine Stunde, um Geschirr zu waschen und die groben Arbeiten zu verrichten. Ich koche und räume selbst auf ..."

Das große Vergnügen der beiden sind Radausflüge auch des Nachts:

„... eine Begegnung mit einigen Karren, deren Pferde vor unseren Rädern scheuten, zwang uns abzuzweigen ... später gingen wir über das hohe Plateau, das von dem unwirklichen Schein des Mondes überflutet war; die Kühe, die die Nacht in offenen Gehegen verbrachten, betrachteten uns ernst mit ihren großen ruhigen Augen ..."

Das junge Glück blieb nicht ohne Folgen:

„2. März 1897. ... Ich bekomme ein Kind, und diese Hoffnung macht sich empfindlich bemerkbar. Seit mehr als zwei Monaten habe ich Schwindelanfälle, und zwar andauernd, den ganzen Tag ..."

Doch alles geht gut. Ein Mädchen kommt zur Welt:

„... sie hat ihren siebten Zahn bekommen, links unten. Sie kann eine halbe Minute lang allein stehen. Seit drei Tagen wird sie im Bach gebadet. Sie schreit, aber heute (viertes Band) hat sie nicht mehr geschrien und hat im Wasser herumgeplanscht... Sie singt viel. Sie steigt auf den Tisch, wenn sie in ihrem Sesselchen sitzt ..."

Die Kleine mit dem 7. Zahn links unten wollte eben hoch hinaus und sollte es auch schaffen. Zusammen mit ihrem Mann erhielt sie den Nobelpreis für Chemie, den ihre Mutter einige Jahrzehnte vorher auch erhalten hatte. Es war deren zweiter Nobelpreis, zusammen mit einem berühmten Dritten und ihrem Mann hatte sie schon vorher den für Physik erhalten. Da diese Häufung von Auszeichnungen bis heute nur einmal vorgekommen ist, könnte man dieses Stöbern im privaten Nähkästchen einer berühmten Familie eigentlich damit beenden, gleich zu sagen, um wen es sich handelt ...

Zeichen am Himmel

Als C. Graebe 1905 den Gesuchten an O. N. Witt nach Berlin empfahl, schrieb dieser zurück: „... möchte ich mir noch die ganz vertrauliche Anfrage erlauben, ob Herr Dr. X Jude ist. Der Name läßt dies nicht vermuten, aber seinem Aussehen nach wäre dies denkbar. Ich bin nun zwar keineswegs Antisemit, habe mich aber bisher stets davor gehütet, jüdische Assistenten einzustellen, weil ich die Erfahrung gemacht habe, daß gerade Juden einen ausgesprochenen Hang zu dem haben, was man in gutem Laboratoriums-Deutsch als „Schmieren" bezeichnet ..."

Der Gesuchte war Jude, doch Witt nahm ihn schließlich trotzdem. Obwohl der Gesuchte ein bekannter Chemiker und einer der bedeutendsten Chemieliteraten war – sein bis heute fortgesetztes Hauptwerk steht am Arbeitsplatz fast jeden Chemikers – ist dieses kleine Rätsel offenbar die erste Würdigung, die der 1939 Verstorbene in Deutschland je erfahren hat.

Sein Leben ist schnell erzählt. Seine Eltern hatten in Nürnberg – damals ganz typisch für jüdische Geschäftsleute – eine Firma für Metallbronzen und leonische Waren. Mit 16 kam er auf die Nürnberger Industrieschule. Ab 1893 studierte er in Genf, promovierte bei Graebe und blieb dort bis zum obigen Brief. 1910 heiratete er eine seiner früheren Doktorantinnen – ein Produkt seiner „Doktorsfabrik" (so Liebermann). An der Berliner Technischen Hochschule begann er mit der Abfassung jenes Werkes, das so berühmt wurde, daß seine Person völlig dahinter zurücktrat. Doch schuf er darüber hinaus bedeutende synthetische Verfahren. 1900 führte er Dimethylsulfat als Alkylierungsmittel ein, später als Variante Toluolsulfonsäure-methylester. 1901 empfahl er feinverteiltes Kupfer zur Eliminierung von Halogen aus Arylhalogeniden sowie zur katalytischen Beschleunigung der Umsetzung von Halogenarylen mit aromatischen Aminen unter Abspaltung von Halogenwasserstoff. Die Acridonchemie wurde von ihm systematisch ausgebaut. Er fand eine durchsichtige, strukturbeweisende Synthese des Euxanthons. Zusammen mit seiner Gattin entwickelte er die technisch äußerst bedeutsame Reinigungsmasse „Heratol" für Acetylen. 1901 stellte er einige Diaminoacridinium-Farbstoffe her, die im Ehrlichschen Laboratorium zur Entwicklung des seinerzeit berühmten Erkältungsprophylaktikums „Panflavin" führten und zum „Atebrin" weiter entwickelt wurden. Auch materielle Erfolge blieben nicht aus. 1410 schrieb er aus Charlottenburg an Graebe: „... Höchst stellt mir glänzende Bedingungen, wie solche sicher nie ein auswärtiger Mitarbeiter erhalten, aber solche wurden von der Anilinfabrik (Agfa) noch übertrumpft, so daß ich schließlich hier den Vertrag erneuert ..."

Der 1. Weltkrieg beflügelte seine patriotischen Gefühle, und so schrieb er 1915 an Graebe einen recht bezeichnenden Brief: „... Seit einiger Zeit ist mir der gesamte Kraftwagenpark des Oberkommandos unterstellt und bis die Sache ordentlich klappte, da gab es recht viele Schreibereien und Ärger. Aber glücklicherweise kann man die „Herren Chauffeure" auch ordentlich einsperren ev. bei Wasser und Brot oder in die Schützengräben schicken und das wirkt immer vorteilhaft auf die Übrigen ..."

Besonders betrübte ihn das Problem des beginnenden Luftkrieges: „... Wie ich durch die Agfa erfuhr, ist bei dem Fliegerangriff auf Oppau so gut wie kein Sachschaden angerichtet worden und die NH_3-Fabrik geht flott weiter. Es ist furchtbar schwer, sich gegen derartige Angriffe durch Ballonabwehrkanonen etc. etc. zu wehren, da meist nichts getroffen wird ..."

Doch allmählich wurde ihm die Arbeit beim Kraftwagenpark fad: „... Mit der Zeit saß man aber nur den ganzen Tag in Straßburg in den Geschäftszimmern, kam alle 8–10 Tage einmal mit dem Auto hinaus und vertrieb sich die übrige Zeit mit

Frühstücken und dem Lesen von Romanen. Bei diesem Nichtsthun wurde man auf die Dauer ganz nervös. Ich ließ mich deshalb behufs Ausarbeitung einer Erfindung nach Berlin beurlauben ..."

Die ersten Bände seines Werkes waren erschienen und so hatte er sich bereits einen Ruf erworben: „... Außer meiner Tätigkeit für den Admiralstab benützen mich die Kriegschemikaliengesellschaft resp. die Verteilungsstelle für die Freigabe, und das Kriegsministerium öfters als lebendiges Nachschlagebuch für besonders ausgefallene Fragen oder zur Erledigung von allerhand unbrauchbaren Vorschlägen von Erfindern ..."

Unter dem Druck des Krieges minderte sich allmählich sein Patriotismus (1917): „... Auch ich war ein begeisterter Anhänger der „Gleichheit" und ein Feind der „Hamsterei". Das Resultat war Unterernährung und zeitweise „Hunger" ..." Und so verflogen nach und nach moralisch-kriegerische Skrupel:

„... Ich habe in meiner Heimat, um meiner Frau eine angenehme Überraschung zu bereiten, sogar „gehamstert", obwohl ich bis jetzt ein entschiedener Gegner davon war. Über die Ernährung hat Nernst, mit dem ich öfters zusammenkomme, einen sehr guten Vergleich gebraucht. Ein Rennpferd bekäme auch mehr Hafer als ein Droschkengaul und die geistig Schaffenden wären natürlich die Rennpferde ..."

Es begann, ihn auch zu stören, daß das Oberkommando die Ausfuhr seines berühmten Werkes in das feindliche Ausland nicht gestattete. Doch das Problem der Treffsicherheit im Luftkrieg ließ ihn nicht los (an Graebe 1917): „... Ich beschäftige mich ferner mit der Herstellung von „Leuchtspurmunition", das ist Infanteriemunition, die beim Beschuß einen gefärbten Kometenschweif hinterläßt und deren Flugbahn also sichtbar ist und für Flieger bestimmt ist ..." Im gleichen Brief beschloß er, die durch das Fallen männlicher Doktoranden auf den Schlachtfeldern entstandene Lücken zu füllen. „... Für den Frieden habe ich auch schon, in Bezug auf meine wissenschaftlichen Arbeiten Vorsorge getroffen. Dieses Semester hatte ich schon 4 Praktikantinnen, die organisch arbeiten und die wohl kommendes Semester eine wissenschaftliche Arbeit beginnen werden ..."

Auch seine Kriegschemie war von Erfolg gekrönt: „... Das Leuchtspurgeschoß ... hat mir in den verflossenen Monaten außerordentlich viel Arbeit, Ärger und Enttäuschungen bereitet. Aber endlich gelang es doch, ihm alle Unarten abzugewöhnen, die Fabrikation geht flott vorwärts und was die Hauptsache ist, die Inspektion der Flieger ist mit dem Geschoß zufrieden ..."

1925 kehrte er nach Genf zurück. Er erhielt einen ständigen Arbeitsplatz an der Ecole de Chimie und forschte unter anderem über Chemotherapeutika: „... ich arbeite als Privatmann in dem Labor neben dem Hörsaal ... Ich bin glücklich, daß mich weder das Département de l'instruction publique, noch die lieben Kollegen, noch die Studenten irgend etwas angehen und ich mein freier Herr bin ... Die Badische Anilin & Soda Fabrik stellt einige meiner Farbstoffe her, die sehr gut gehen, daneben berate ich einige Gesellschaften; verhungern werden wir also voraussichtlich in den nächsten Jahren kaum ..."

So entging er Auschwitz und Buchenwald, wo sein und seiner Frau Leben, wäre er in Deutschland geblieben, zwangsläufig geendet hätte.

Ein tragischer Sonderling

„... Der Naturwissenschaftler, dessen Name mit einem Effekt oder Prinzip verbunden ist, kann für alle Zeiten als unsterblich gelten. Wer aber zum eigentlichen Begriff wird, dringt in das wissenschaftliche Kollektivbewußtsein ein und erreicht annähernd den Status eines vom Körper abstrahierten Geistes. Es ist dies eine Auszeichnung, die nur wenigen zuteil wird ...“, hieß es 1984 von dem Gesuchten, den wir mit seinem eher vergessenen zweiten Vornamen Mathison nennen wollen. Auch die schöngeistige Literatur hat sich seiner bemächtigt. Das Skurrile seiner Persönlichkeit hat H. M. Enzensberger in einer seiner Balladen aus der Geschichte des Fortschritts herausgearbeitet: „... Fest steht, daß er nie eine Zeitung gelesen hat; daß er sich seine Handschuhe selber strickte; daß er fortwährend Koffer, Bücher, Mäntel verlor; und daß er, sofern er bei Tisch sein hartnäckiges Schweigen brach, in ein schrilles Gestotter verfiel oder krähend lachte ...“

R. Hochhuth setzte sich auch mit M.s maskuliner Schönheit auseinander: „Geist und Sport im selben Menschen: wann gab es das in diesem Maß! Die gewölbte, beherrschende, ihn sicher auch bedrückende Stirn ragt fast wie ein Helm über die leuchtendblauen, aber ganz tief liegenden Augen. So blaue Augen bei so schwarzem Haar! Mathematik und Schönheit – wie nahe kam hier die Natur dem Vollkommenen ...“

Diesem Zitat kann man entnehmen, daß M. eigentlich Mathematiker war, doch was uns im Folgenden beschäftigen soll, sind seine Leistungen auf dem Felde der physikalischen und theoretischen Chemie. Was ein Genie werden will, krümmt sich beizeiten. So überraschte M. seine Umgebung schon als Schüler mit der umwerfenden Erkenntnis, daß die verbotene Frucht im Garten Eden eigentlich eine Pflaume gewesen sei und kein Apfel. Ansonsten war zunächst Chemie sein Lieblingsfach. Er hatte eine unstillbare Vorliebe für chemische Vorschriften, seltsames Gebräu, sympathetische Tinten und Brennversuche mit Ton. Waren seine Experimente zunächst auf Haushaltssubstanzen und eher wunderliche Rezepturen beschränkt, so änderte sich dies, als ihm seine Eltern 1924 die „Children's Encyclopedia" (M. war Engländer) und zu Weihnachten einen chemischen Experimentierkasten schenkten, mit dessen Hilfe er immerhin aus Seetang Iod isolieren konnte. Im März 1925 schrieb er aus der Schule an einen Freund: „... I wonder whether I could get an earthenware retort anywhere for some high-heat actions. I have been trying to learn some Organic Chemistry ..." Aus den folgenden Sätzen erfährt man, daß sich hinter seinen schlichten Versuchen schon so etwas wie der wissenschaftliche Lebensplan des kommenden Genies verbarg: „... I always seem to want to make things from the thing that is commonest in nature and with the least waste in energy ..." Als das große Hilfsmittel schlechthin auf diesem Weg sollte sich seine geniale Begabung für Mathematik erweisen, die sich allmählich Bahn brach. Seine Internatslehrer hatten aber etwas gegen seine Experimente. Zwar versuchte er, diese fortzusetzen, nach Meinung der anderen bewiesen sie nur eine unangenehme Strebermentalität und verursachten widerliche Gerüche. Der Zufall wollte, daß er zusammen mit Schulfreunden an eine merkwürdige chemische Reaktion geriet, deren Geheimnisse nur mit Hilfe von Differentialrechnungen zu lösen waren: „... It is a beautiful experiment. Two solutions are mixed in a beaker and after waiting for some very definite period of time, the whole suddenly becomes a deep blue in 1/10 of a sec. or less ..." Zusammen mit einem Freund bekam er für diese Untersuchung einen kleinen Preis. Ein Beurteiler schrieb: „... I first realised what an unusual brain M. had when he presented me with a paper on the reaction between iodic acid and sulphur dioxide. I had used the experiment as a pretty demonstration – but he had worked out the mathematics of it in a way that astonished me ..."

M.s Lebensweg führte ihn zu einer Professur der Mathematik, und er zeigte alle Zeichen des schrulligen Genies: „... Einer, der drei Minuten braucht, um einen Brief zu schreiben, aber anderthalb Stunden, um ein Kuvert dafür zu suchen und dann abermals anderthalb Stunden, um den Brief wieder zu finden, den er aus der Hand legte, um ein Kuvert zu suchen ..." Weniger Berühmte in einem anderen Land wären vielleicht in der Klapsmühle gelandet. Einem englischen Mathematikgenie verzeiht man manches: „... pflegte er durch den Regen zu radeln; dabei fand er es praktisch, sich einen Küchenwecker an den Gürtel zu schnallen und eine Gasmaske aufzusetzen; jenes, um immer pünktlich zu sein, dieses aus Furcht vor dem Heuschnupfen, denn er litt an Asthma; immerhin ein menschlicher Zug, der beruhigend wirkt ..."

M. hatte ein neues Feld für seine Phantasie entdeckt, die Geheimnisse der Morphogenese. Die Tatsache, daß die Schuppenanordnung der Tannenzapfen den „Fibonacci-Zahlen" folgen, beunruhigte und faszinierte ihn ebenso wie die hohe Ordnung in den Abbildungen der Radiolarien von Ernst Heckel. Er war vertraut mit Schrödingers 1943 gehaltener Vorlesung: „What is life?", in der dieser jenes Postulat der Gen-Lokalisation im molekularen Bereich aufgestellt hatte, dessen Verfolgung Watson und Crick den Nobelpreis bringen sollte. M. schloß sich dem Vorschlag Schrödingers nicht an, sondern er modifizierte das Problem. Ihn faszinierte die Selbstorganisation der Materie. Er wollte jene Umstände herausfinden, unter denen ein Gemisch chemischer Lösungen ineinander diffundierend und miteinander reagierend, ein Muster bilden konnte, ein pulsierendes Muster chemischer Wellen. Konzentrationswellen, in denen sich das entwickelnde Muster verfestigt, Wellen, die Millionen von Zellen aus einer chemischen Suppe heraus formen und zu größeren Gebilden organisieren. Die Arbeit holte weit aus: „... a mathematical model of the growing embryo will be described. This model will be a simplification and an idealisation, and consequently a falsification. It is to be hoped that the features retained for discussion are those of greatest importance in the present state of knowledge ...“. So entstand durch Zusammenwirken von Chemie, Biologie und Mathematik 1952 jene berühmte Veröffentlichung M.s in den Philosophical Transactions: „The Chemical Basis of Morphogenesis“, die damals so etwas darstellte wie die Morgenröte eines neuen, recht beunruhigenden Zeitalters. M. hatte übrigens ein Verfahren mitentwickelt, das ihm bei der mathematischen Lösung sehr zustatten kam. Das Leben M.s endete tragisch. Mit dem Moralkodex seiner Zeit in Konflikt geraten – wiewohl man ihn heute als eine Art Helden verehrt – verzehrte er einen mit Zyankali präparierten Apfel. Enzensberger schloß seine Ballade mit der Feststellung: „... Jedenfalls will das Gerücht nicht verstummen, man könne ihn zuweilen – an feuchten Oktobertagen besonders – in der Umgebung von Cambridge auf abgemähten Stoppelfeldern, unberechenbar Haken schlagend, im Nebel querfeldein laufen sehen.“

Ein leidenschaftlicher Motorradfahrer

„... Hier gibt es natürlich nach wie vor immer viel Arbeit, um so mehr, als ich jetzt noch nach Stockholm fahren muß, wodurch wieder 8 Tage verlorengehen. Die Arbeiten gehen aber gut weiter und das ist ja die Hauptsache ..."

Es kann für einen begeisterten Experimentalforscher schon sehr lästig sein, wenn er sein Labor verlassen muß, nur um den Nobel-Preis entgegen zu nehmen. Zwar tat der Gesuchte alles, um dem Gefeiertwerden zu entgehen, aber ein wenig Presserummel ließ sich nicht vermeiden. So entstand ein berühmtes Photo, das ihn arbeitend am Schreibtisch zeigt, an dem auch sein geliebtes Fahrrad lehnte. Die den Schreibtisch beleuchtende elektrische Lampe war dermaßen altmodisch, daß sich nach der Veröffentlichung dieser Aufnahme ein namhafter Elektrokonzern veranlaßt sah, eine neue Leuchte zu schenken.

Der Gesuchte, immerhin Geheimrat und ordentlicher Professor für Chemie, war ein Meister des Understatements. Doch wird man den Verdacht nicht los, daß er dieses zuweilen selbst etwas kokett kultivierte, wie folgende Geschichte beweist, die einer seiner Assistenten überlieferte: „... Vor seiner Ehe pflegte er im Laboratorium einen besonders alten Rock zu tragen, an den er den Daumen abzustreifen pflegte, ganz gleich, ob er ein Reagenzglas mit H_2SO_4 oder mit Lauge geschüttelt hatte. Nach einiger Zeit war seine Jacke mit Löchern verziert und einmal kam sogar der blanke Ellenbogen zum Vorschein. In dieser Aufmachung traf ihn ein Student, der von auswärts kam, um die Hochschule zu wechseln und fragte auf dem Gang: ‚Wo treffe ich den Professor?' ‚Hier gleich ist die Sekretärin!' Er sperrte rasch die Tür auf, verschwand in seinem Zimmer und freute sich sehr über das verdutzte Gesicht des Studenten, der von der Sekretärin zu ihm hereingewiesen wurde ..."

So kam es, daß der Portier der „Vier-Jahreszeiten" – eines der besten Häuser am Platze – einen durchnäßten Radler mit Klepperpelerine und Gummigamaschen abwies, der 1941 zur Feier des 60. Geburtstages des Geheimrats wollte. Der Portier hatte einige Mühe zu begreifen, daß sich hinter dieser Maskerade das Geburtstagskind selbst verbarg. Zuweilen trug er allerdings eine Art Sportkleidung: „... Viele Jahre war die Lederjacke des Motorradfahrers sein charakteristisches Attribut. Er hatte eine schwere Maschine, die er mit Eisenplatten belastete, wenn er ohne Sozius fuhr. Später ging er zu einem Seitenwagengespann, dann zum 4-Zylinder-, 6-Zylinder- und schließlich 8-Zylinder-Ford über.

Mit ihm zu fahren war nicht immer ein reines Vergnügen ... entweder Vollgas oder Leerlauf und er konnte nur ungern einen Wagen vor sich sehen, ohne ihn alsbald zu überholen ..."

Auch die Kleidung seiner Mitarbeiter und der Prüflinge war ihm einerlei. Zuweilen pflegte er Prüfungstermine vorzuverlegen und wenn sich dann die Opfer, die nun gezwungen waren, in Alltagskleidung zu erscheinen, unwohl fühlten, pflegte er zu sagen: „... Kommen Sie nur gleich, im dunklen Anzug können Sie auch nicht mehr wie in der Lederhose ..." Diesem Zitat kann man entnehmen, daß die Geschichte in München spielt! „Forschung ist und bleibt die beste Lehre", war sein unerschütterlicher Grundsatz, in dessen Verfolgung bereits auch die Studenten mit riesigen Ansätzen für spezielle Präparate eingespannt wurden. Jeder mußte die Knorrsche Pyrrol-Synthese in sehr großem Stil machen und einmal alle Autoklaven füllen, um die Wolf-Kishner-Reduktion auszuführen. In einer Spezialapparatur in einem besonderen Laboratorium mit Notglocke mußte jeder einen halben Liter und mehr an wasserfreier Blausäure herstellen, die man für die Gattermannsche Aldehyd-Synthese brauchte. „Der Chemiker muß auch mit gefährlichen Stoffen umgehen lernen!", war seine Ansicht. Von seinen Mitarbeitern forderte er den Einsatz der wirklich vollen Persönlichkeit. In der Vorlesung über Indigo, in der alle Darstellungsmöglichkeiten ausführlichst besprochen wurden, gehörte es zu den Dienstpflichten des Assistenten, am Abend zuvor eine Flasche Wein zu trinken, damit die Probe auf Harnindican positiv ausfiel. Zur Wiederauffindung entschwundener Doktoranden konnte er detektivischen Scharfsinn entfalten: „... Der scheint aber schon lange weg zu sein, das Wasserbad ist schon ganz kalt!" Daß ein so strukturierter Forscher seine kostbare Zeit nicht an die Musen verschwendet, liegt fast nahe: Zu einem Doktoranden: „Haben Sie den Faust gelesen?" – "Aber selbstverständlich!" – „Das liest man doch nicht!" – „Was lesen Sie denn?" – „Die Annalen!" Der Verfasser dieses Rätsels hat die positiven Leistungen des Gesuchten sehr ans Ende gerückt. Nicht ohne Grund! Denn diese sind so bekannt, daß sich ein Nachschlagen des Namens sicherlich erübrigt. Der Münchener Internist Friedrich v. Müller – ein Lehrer des Gesuchten, der gleichzeitig Medizin und Chemie studiert hatte, – untersuchte die klinische Bedeutung des biologischen Blutfarbstoffabbaues und dessen krankhafte Veränderungen. Damit war auch der Rahmen für das Forschungsprogramm des Gesuchten abgesteckt. Die Möglichkeit, in Berlin bei Emil Fischer zu habilitieren, wurde verschmäht, da sich dort keine Möglichkeiten zum Skilaufen und Bergsteigen bieten, und so habilitierte er sich 1912 in München. „Wenn er in die Hände spuckt, kristallisiert es", sagte neiderfüllt ein Kollege. Seine gelegentlich abenteuerlichen Naturstoff-Aufarbeitungen sind heute schon zur Legende geworden. Daß er bei der Verzollung von „ropencot", bezogen von der Firma Jean Roche aus Lyon, Schwierigkeiten hatte, weil es sich tatsächlich nur um die Exkremente von Seidenraupen handelte, ist noch eher harmlos. Ungewöhnlicher ist da schon eine Danksagung in einer der über 500 Veröffentlichungen des Geheimrates, in der er sich für die zeitweilige Überlassung eines ungenutzten Fabrikraumes bedankt, in dem er und einige Mitarbeiter 1005 Stühle biochemisch aufgearbeitet hatten. Allerdings sollen sich die Schaffner der Münchener Straßenbahn einige Male erfolgreich geweigert haben, Herrn Geheimrat zu transportieren. Ebenso duftintensiv war die

Aufarbeitung von faulem Blut im Großmaßstab. Ein bestimmter Porphyrie-Patient wurde durch ihn berühmt, da er bei Vorträgen der Chemischen Gesellschaft stets mitgeführt und vorgewiesen wurde. Für dessen Lebensunterhalt sorgte die Wissenschaft, im Gegenzug hatte er alle Körperausscheidungen im Institut abzuliefern. Fazit: Auch Nobelpreise wollen erkämpft sein!

Lebenslust und die Chemie des Lebens

„... His work habits and his social activities set a superb example for anyone who wants to enjoy life ..." schrieb einst ein Kollege aus Denver, Colorado, über den Gesuchten. Zwar pflegt man oft von historischen Figuren zu behaupten, ihr Bild schwanke in der Geschichte, doch über Felix (dieser Vorname ist ebenso echt und passend, wie völlig ungebräuchlich) sind sich alle, die ihn kannten, einig: „... (He) was clearly not only a brilliant scientist but also a man obviously in love with life and whose capacity to enjoy it in terms of hearty food and good potables (till all hours of the night!) seemed gargantuan ... (he) was a model who inspired even the abstemious and the timid among us to relish, with as much Bavarian gusto as he did, the earthly delights he so openly enjoyed. The laboratory really held together as a cohesive group, not only during those hours when the characteristic limp, surrounded by clouds of cigar smoke, indicated to all that „der Chef" was around, but also during the after-sessions and innumerable parties to which he gave life. For him, just being alive was cause for celebration! ..."

Ein nicht alltägliches Bild eines großen Gelehrten, das auch von Sir Hans Krebs gezeichnet wurde: „... He was of medium height with brown eyes and short wavy brown hair. He had the stocky, muscular figure of a sportsman though later, when his professional activities involved him in many social functions, which he very much enjoyed, he became somewhat more portly. Despite his stiff knee he remained an active skier, walker and swimmer, and whenever possible spent his weekends out of doors. His walks and mountain tours were usually planned so that a well known Gasthaus with good beer was on the route. Enough alcohol to create a carefree and jolly atmosphere was for him an essential part of life. His cheerful late evening get-togethers often lasted until 3, 4 or even 5 o'clock in the morning, and he took it amiss if people left earlier ... When relaxed and in good mood he spoke with a strong Bavarian accent and he liked to use the Bavarian dialect. Whenever he chose to speak a more formal German in the laboratory his collaborators took it as an ominous sign. He was very proud of his Bavarian home and he never tried to hide his Bavarian origin ... and he loved to wear the Bavarian attire with its Lederhosen and embroidered braces ..."

Stets galt seinen Zeitgenossen als sein herausragendes Kennzeichen sein: „... tremendous zest for life ..."

Felix selbst trug häufig zu diesem Bilde bei, so als er bei der Pressekonferenz anläßlich der Verleihung des Nobelpreises den Journalisten zurief, das Problem der Menschheit sei ihr Mangel an kleinen Freuden.

1911 wurde Felix als Sohn eines Professors für Maschinenbau in München geboren, besuchte die Luitpold-Oberrealschule, verursachte als Schüler jene für den Lebensweg später erfolgreicher Chemiker obligaten Explosionen im Keller des elterlichen Hauses und begann im Sommersemester 1930 das Studium der Chemie an der Universität München. Er war ein sehr sportlicher Student: „... He even entertained the idea of becoming a ski instructor, but in 1932, when he was competing in ski races at Kitzbühel, he broke his leg and had to stay in hospital for almost a year. The accident permanently damaged his knee ... It did not, however prevent him from skiing as a leisure sport and he remained eager to tackle difficult runs. On one of these in 1951 he fractured his leg for a second time, and this accident left his knee joint completely locked. But despite the locked knee he did not stop skiing. The characteristic thump-thump of his stiff leg, together with the smell of his cigar smoke, could not be mistaken and everyone knew, when he was about ..."

1937 legte er seine Dissertation vor: „Über die Giftstoffe des Knollenblätterpilzes", der 1941 die Habilitationsschrift folgte, mit dem Untertitel: „Über die Beteiligung von Phosphorsäure bei Atmungsvorgängen in der Hefe". Diese Arbeit kann die Tatsache, daß sie in München entstand, nicht verleugnen: „... Zu diesen Versuchen kam Bierhefe (von der Löwenbrauerei München) in Anwendung, die durch 20stündiges Schütteln unter Sauerstoff an Inhaltsstoffen verarmt worden war ..."

Von nun an ging die Karriere steil nach oben. Später sollte ein etwas boshafter Journalist bei der Schilderung des „Pour le mérite" und seiner Mitglieder schreiben: „... Er sieht aus wie ein Gastwirt aus Bayrisch-Schwaben und ist ein großer, unglaublich erfolgreicher Mann in seiner Wissenschaft ... Er war in dieser Welt nie ein Außenseiter; durch Geburt und Heirat (er heiratete die Tochter seines Lehrers ... Nobelpreisträger für Chemie 1923) stand er in einer Gelehrtentradition, die mit ihren Jokern umzugehen weiß ..."

Die Darstellung seiner klassischen biochemischen Arbeiten käme einer Lösung des Rätsels gleich, daher seien nur jene zitiert, die mehr oder weniger vergessen wurden: „Bewertung der Hühner-Embryonenkur" (1952), „Life, Luck and Logic in Biochemical Research" (1969), „Auf die Kreativität kommt es an" (1977). In einer Laudatio anläßlich des Nobelpreises hieß es: „... Sie haben dann mit Hefezellen ihre größte Entdeckung ... gemacht. Hinterher hat sich die Flut Ihrer davon ausgehenden Arbeiten auch über andere Organismen ergossen, z. B. Gummibäume in Südamerika, Ratten, Bakterien, Grünalgen, Pferdeleber ..." Doch wie wird man Nobelpreisträger? In der gleichen Laudatio wurde die Vermutung ausgesprochen, daß man eben sein Gehirn trainieren müsse: „... Ich erinnere mich in diesem Zusammenhang auch noch an Ihre Vorliebe für Denksportaufgaben. Wenn z. B. ein Kohlkopf und eine Ziege und ein Löwe oder so etwas ähnliches im Boot über den Fluß transportiert werden sollen; der eine frißt jedoch den anderen und man muß nun die klügste Kombination von Fahrten herausknobeln: Solche Dinge haben Sie immer sehr begeistert ..."

Daß sich dergleichen Probleme im Rauch einer guten Brasilzigarre leichter lösen lassen, leuchtet ein, ebenso wie die Tatsache, daß die zwar wenigen, dafür aber eher lyrischen privaten Verlautbarungen des Gesuchten sich mit den Köstlichkeiten Bayerns beschäftigen: „... Und nun muß ich unbedingt unseren ... Freund Maurus Graf in Berg erwähnen. Bruder des Dichters Oskar Maria Graf und seines Zeichens Konditor, war er ein Meister der Unterhaltung, kannte von Goethe über Hofmannsthal bis Thoma eigentlich alle großen Dichter ... da gab es Sommerabende im Garten an der Hauswand mit Schubertliedern aus einem alten Gramophon ... ein Fest für jeden, der die urbayerische Wesensart und den damit verbundenen eigentümlichen, besonderen Humor schätzte.

Dann habe ich noch etwas, was mir große Freude macht, und das ist Andechs. Und zwar neben dem Bier und dem Klosterkäse im Bräustüberl auch die stimmungsvolle Barockkirche mit dem herrlichen Blick vom Turm. Ich glaube, ich habe schon fast aus allen Teilen der Erde Kollegen und Schüler dorthin gebracht ..." Diese Vorliebe für Andechs war so ausgeprägt, daß sich nach dem Ableben des Gesuchten Familie und Schüler im Bräustüberl des Klosters Andechs trafen: „... Kein Ort eignet sich dafür wohl besser ... um die persönlichen Erinnerungen an die gemeinsame Zeit ... wieder aufleben zu lassen ..."

Psychodelische Welten

„Alle Anstrengungen meines Willens, den Zerfall der äußeren Welt und die Auflösung meines Ich aufzuhalten, schienen vergeblich. Ein Dämon war in mich eingedrungen und hatte von meinem Körper, von meinen Sinnen und von meiner Seele Besitz ergriffen ... Die Substanz, mit der ich hatte experimentieren wollen, hatte mich besiegt ...“ So beschrieb ein erfolgreicher Chemiker und Autor die Probleme, die er mit seiner wohl größten Entdeckung hatte. 1906 in Baden in der Schweiz geboren, studierte der Gesuchte Chemie an der Universität Zürich. Über vier Jahrzehnte, von 1929 bis 1971, arbeitete er in den Forschungslaboratorien der Firma Sandoz: „... Meine Vorliebe für die Chemie der Tier- und Pflanzenwelt hatte schon das Thema meiner Doktorarbeit bei Professor Paul Karrer bestimmt. Mit Hilfe des Magendarmsaftes der Weinbergschnecke war mir erstmals der enzymatische Abbau der Chitins gelungen, der Gerüstsubstanz, aus der die Panzer, Flügel und Scheren der Insekten, der Krebse und anderer niederer Tiere aufgebaut sind. Aus dem beim Abbau enthaltenen Spaltprodukt, einem stickstoffhaltigen Zucker konnte die chemische Struktur von Chitin abgeleitet werden, die derjenigen der pflanzlichen Gerüstsubstanz Cellulose analog ist. Dieses wichtige Ergebnis der nur drei Monate dauernden Untersuchung führte zu einer mit Auszeichnung bewerteten Doktorarbeit.

Bei meinem Eintritt in die Firma Sandoz war der Personalbestand der pharmazeutisch-chemischen Abteilung noch recht bescheiden ... Im Stollschen Laboratorium fand ich eine Tätigkeit, die mir als Forschungschemiker sehr zusagte. Professor Stoll setzte sich zum Ziel, mit schonenden Methoden die unversehrten wirksamen Prinzipien aus bewährten Arzneipflanzen zu isolieren und in reiner Form darzustellen ... Die ersten Jahre meiner Tätigkeit im Sandoz-Laboratorium waren fast ausschließlich Untersuchungen über die Wirkstoffe der Meerzwiebel gewidmet ... Diese Arbeiten fanden 1935 einen vorläufigen Abschluß.

Auf der Suche nach einem neuen Arbeitsgebiet bat ich Professor Stoll um die Erlaubnis, Untersuchungen über die Alkaloide des Mutterkornes wieder aufzunehmen ... Damit waren die Weichen gestellt, das Hauptthema meiner beruflichen Laufbahn festgelegt. Ich erinnere mich noch deutlich des Gefühls der Erwartung von Schöpferglück, das ich in Hinblick auf die geplanten Untersuchungen auf dem damals noch wenig erschlossenen Gebiet der Mutterkornalkaloide empfand ..."

Es sollte kein ungetrübtes Glück werden. Zwar fand der Gesuchte eine chemische Verbindung, die dann für einige Jahre so etwas wie eine Kultdroge werden sollte. Über die zwiespältige Erfahrung die man als Forscher erleidet, wenn man eine teils nützliche, aber andererseits äußerst gefährliche Substanz findet, berichtet eine äußerst lesenswerte Autobiographie, die vor kurzem als Taschenbuch erschienen ist und der die hier verwendeten Zitate entnommen wurden. Die Beschreibung des später berühmt gewordenen Selbstversuches der psychodelischen Wirkung dieser neuen Droge liest sich so: „... Ich konnte nur noch mit größter Anstrengung verständlich sprechen und bat meine Laborantin, die über den Selbstversuch orientiert war, mich nach Hause zu begleiten. Schon auf dem Heimweg mit dem Fahrrad ... nahm mein Zustand bedrohliche Formen an. Alles in meinem Gesichtsfeld schwankte und war verzerrt wie in einem gekrümmten Spiegel. Auch hatte ich das Gefühl, mit dem Fahrrad nicht vom Fleck zu kommen. Indessen sagte mir später meine Assistentin, wir seien sehr schnell gefahren ..."

Wer ist dieser Chemiker, der sogar vor einem Selbstversuch mit unbekannten Substanzen nicht zurückschreckte, und wie heißt der Titel seiner Autobiographie?

Chemie
im
Spiegel der Literatur

Eine empfindsame Seele

Die hier zur Verfügung stehenden Zeilen reichten nicht aus, den Lebensweg des Gesuchten vollständig zu schildern. 1712 wurde er als Sohn eines Uhrmachers in Genf – damals die kleinste Republik Europas – geboren. Sein Ausbildungsweg war – gelinde gesagt – etwas wirr. Einem unordentlichen Schulunterricht, in dem er „... zusammen mit Latein all den Plunder lernte, den man unter dem Begriff Erziehung versteht ...“, folgte eine Tätigkeit als völlig unbrauchbarer Schreiberlehrling und darauf eine etwas erfolgreichere Graveurlehre. Streit mit seinem Lehrherrn führte 1728 zu seiner Flucht aus der Vaterstadt, und das, was nun folgte, nannten später zahlreiche Biographen die „Vagabondage“ unseres Helden, die ihn unter anderem nach Annecy, Turon, Lyon, Neuchatel, Chambery, Paris, Venedig und wieder nach Paris führen sollte.

Gleich nach der Flucht packt unseren jugendlichen Vagabunden der Hunger, und so verkaufte er seinen calvinistischen Glauben umgehend an einen freigiebigen katholischen Pfarrer, der ihn anwies sich zu einer: „... guten, sehr wohltätigen Dame zu begeben ... es handelte sich um Madame (Louise) de Warans, eine Neubekehrte, die die Priester zwangen, ihre vom König von Sardinien gewährte Pension mit dem Gesindel zu teilen, das kam, um seinen Glauben zu verkaufen ...“. Unser Held war überrascht: Er hatte erwartet, eine alte Betschwester vorzufinden, doch er fand, wie wir heute sagen würden, eine der Vernunftehe entflohene Emanze, die eine erstaunliche Schwäche für Chemie und Pharmazie an den Tag legte, Heilkräuter sammelte, in einem eigenen Laboratorium Salben, Essenzen und Pillen herstellte, und sich an waghalsigen geschäftlichen Unternehmungen beteiligte, so an Schokoladenfabriken, an einer Zuckerraffinerie und einer Geschirrmanufaktur. Später schrieb er von ihr, sie habe: „... ein überaus anmutiges Gesicht, schöne blaue Augen voller Sanftmut, einen blendenden Teint, den Umriß eines reizenden Busens ... sie war klein von Statur, und trug ihre dunkelblonden Haare mit einer Lässigkeit, die sie sehr pikant machte ... ". Zunächst einmal schickte die de Warans ihn nach Turin weiter, damit er sich taufen lasse. Unser Held durchzog nun als Lakai, Musiklehrer und Sekretär, als Vagabund und Musikant unstet die Landstraßen Frankreichs und der Schweiz. Doch stets war seine letzte Zuflucht Madame de Warans, die sich mütterlich um ihn kümmerte. Ein Biograph berichtete darüber: „... Sie versuchte, ihn zum Gehilfen bei den pharmazeutischen Versuchen und geschäftlichen Unternehmungen auszubilden, durch die sie schnell zu Geld kommen wollte. Er mußte die Rechnungen ordnen, Geschäftsbriefe aufsetzen, Rezepte abschreiben, Kräuter sortieren, Drogen und Chemikalien bearbeiten und destillieren ...". Unser jugendlicher Held begann, älter zu werden. Der Chronist beschrieb ihn nun so: „... Er war noch nicht der hypochondrische, häufig kränkelnde Neurotiker, zu dem er sich im Mannesalter mehr und mehr entwickelte. Die schlanke, mittelgroße Erscheinung des dunkelhaarigen Musikenthusiasten mit den lebhaften, etwas stechenden, tiefliegenden Augen und den fein geschnittenen, zuweilen in sinnlicher Erregung vibrierenden Lippen faszinierte manche seiner Elevinnen ...". Diese Entwicklung blieb auch der de Warans nicht verborgen, und nach dem sich deren Geliebter beim Suchen von Kräutern für das pharmazeutische Laboratorium eine tödliche Erkältung zugezogen hatte, teilte unser Held nicht nur das Laboratorium mit seiner nunmehr nicht mehr ganz so mütterlichen Freundin.

Das Glück sollte jedoch in ziemlich jeder Hinsicht nicht von Dauer sein. Unser Held, der sich gerne mit chemischen Experimenten vergnügte, wollte zusammen mit einem „... bonhomme de moine, professeur de physique ..." eine sympathetische Tinte herstellen. Doch die mit Auripigment, Kalk und Wasser gefüllte Flasche platzte und sprang ihm

„... wie eine Bombe ins Gesicht ...". Er schrieb später, er habe die Mischung verschluckt und sei daran fast gestorben; sechs Wochen lang sei er blind gewesen. Noch am Tage des Unfalls ließ man den Notar kommen und er diktierte im Bett liegend, „... un appareil ..." auf den Augen, sein Testament. In Anbetracht seiner chronischen Armut war dies übrigens ein merkwürdiges Unterfangen. Von da an war er ein leidender Mann.

Als ihn seine „Vagabondage" später, er war inzwischen 33 Jahre alt geworden, nach Paris führte, nahm er die Gelegenheit wahr, dem „Cours de Chimie" des Professeur Rouelle zu folgen, dem Lehrer Lavoisiers.

Zwar hatte die Chemie mancherlei Auswirkungen auf die philosophischen Gedankengänge unseres Helden, aber ein dreibändiges chemisches Manuskript, das sich heute in der Genfer Bibliothek befindet, blieb ungedruckt. Das ist schade, denn es enthielt eine Rechtfertigung der damals gar nicht so sehr angesehenen Chemie: „... Trotz so vieler schöner Entdeckungen, die die Künste bereichert haben ... wird sie noch heute als ein unnützes und chimärisches Studium angesehen, dessen hauptsächliche Untersuchungen nur unmögliche Transmutationen und gefährliche Heilmittel zum Gegenstand hätten ...". Er war der Ansicht, daß es im Gegensatz zur Physik der Chemie gelingen müsse, das Geheimnis der Materie zu entschleiern, das letztlich die Grundlage aller Philosophie sei. Er meinte, daß die Physik nur an der Oberfläche der Natur bliebe, wohingegen die Chemie in ihr wahres Innere eindringe. Die Entdeckungen der Physiker müßten dazu beitragen, die Operationen der Chemiker zu perfektionieren und mit dem Lichte der Chemie müsse man in die Geheimnisse der Experimentalphysik eindringen. Daher sei es unbedingt erforderlich, Chemie und Physik verbindende, physikalisch-chemische Lehrstühle und Laboratorien zu begründen. Im übrigen verteidigte er stets die Meinung, daß die Materie letztlich einheitlich aufgebaut sei, was damals keineswegs selbstverständlich war. 1754 erschien in Frankfurt und Leipzig eine kleine Abhandlung von ihm in deutscher Sprache: „Von der Schädlichkeit des Kupfergeschirres in der Haushaltung“.

Hier erweist er sich wie in seinen philosophischen Schriften und Romanen (übrigens auch Opernlibretti), die ihn zu einem der folgenschwersten Denker Europas machen sollten, als blendender Stilist: „... Die Weigerung der Köche, andere Gefäße, als sie kennen, in der Küche zu gebrauchen, ist eines der schwersten Hindernisse; und wer die Trägheit und die leckerhaften Mäuler ihrer Herren kennt, der wird von der Schwierigkeit, diese Hindernisse zu heben, urteilen können. Jedermann weiß, daß es in der menschlichen Gesellschaft eine Menge Leute gibt, welche die Sorglosigkeit der wahren Ruhe, und die Ergötzlichkeiten der Glückseligkeit vorziehen. Allein, man kann sichs kaum einbilden, daß welche gefunden werden, die viel lieber Gefahr lauffen, sich und ihre Familie in die elendesten Krankheiten zu stürzen, als einen angebrannten Ragout zu essen ...“.

Da kein Mensch bei dem Namen des Gesuchten an Chemie denken wird, soll hier noch kurz die an ihm geübte Kritik zusammengestellt werden: Er sei ein blasser Theoretiker der Pädagogik gewesen – sagte man –, gefühlsdusselig und verworren. Politisch sei er mit seinen widerspruchsvollen Thesen von der Souveränität des Volkes ein Initiator blutiger Revolutionen, ein Wegbereiter aller Ideologien totalitärer Prägung geworden.

Am 11. Oktober 1794 wurde der Sarg des 1778 Verstorbenen in das Pariser Pantheon überführt.

Ein junger Arzt als Physiologe

Vom Glück war das Leben dieses großen Mannes selten begünstigt. Im Schloßpark einer westdeutschen Großstadt hat man seiner Zimmervermieterin Anna Hölzl, die den jungen Mann aus schwerer Bedrängnis rettete, einen Gedenkstein errichtet.

Auch das vorangegangene Studium der Medizin an einer am 22. Dezember 1781 in den Rang einer Universität erhobenen Hochschule war alles andere als glücklich gewesen. Johann Friedrich Consbruch (1736–1810) war sein Lehrer in Physiologie, Christian Gottlieb Reuss (1742–1815) hatte den später Hochberühmten in Chemie unterrichtet. Über den Verlauf des Medizinstudiums wissen wir recht wenig, doch liegt ein Bericht des Gesuchten über eine Sektion, ausgeführt am 10. Oktober 1778 an der Leiche des Eleven Hiller, vor. Im Juni 1780 bat der Eleve Grammont den Gesuchten um Gift, da er aus dem Leben scheiden wollte. Da der Versuch, den Selbstmörder umzustimmen, scheiterte, erstattete er Mitteilung bei den Vorgesetzten, und man beauftragte ihn, den Kranken zu bewachen und einen schriftlichen Bericht vorzulegen. Dieser ist erhalten und zeigt den Gesuchten als kämpferischen Anhänger von Georg Ernst Stahl, Chemikern als Begründer der Phlogistontheorie bekannt und seit 1716 Leibarzt des preußischen Königs in Berlin, der einen medizinischen Animismus vertrat, nach dem seelisch-körperliche Kräfte Gesundheit und Krankheit im menschlichen Körper regieren und damit der vitalistischen Auffassung in der Medizin das Wort redete. Mit seiner gerne gezeigten Begeisterung für den Stahlschen Animismus geriet unser Student bald in Schwierigkeiten. Die Professoren der Hohen Schule sahen ihr Vorbild weniger in den Lehren Stahls; sie hingen einem anderen Großen der Medizin-

und Chemie-Geschichte an: Hermann Boerhaave, der als Begründer der modernen Krankenuntersuchung gilt.

Durch diese Verschiedenheiten der Ansichten bedingt, gab es Ärger. Unser Student legte vom Herbst 1779 bis zum Herbst des folgenden Jahres insgesamt drei Dissertationsschriften vor, da die ersten beiden von der Prüfungskommission verworfen wurden. Er hatte sich Physiologie zum Thema gewählt. Aber einmal war diese Wissenschaft seinerzeit bedingt durch den weitgehenden Mangel an organisch-chemischen Fakten nicht allzu weit entwickelt und zum andern neigte unser jugendlicher Feuerkopf zu philosophischen Höhenflügen. So trug die erste Dissertation den überraschenden Titel „Philosophie der Physiologie". Der Autor postuliert in ihr eine Mittelkraft zwischen Geist und Materie, deren Vorhandensein naturwissenschaftlich zu erhärten ihm außergewöhnlich schwer fällt. Deshalb spricht er sich selbst sozusagen Mut zu, indem er sagt, gänzlich philosophisch unmöglich sei eine solche Kraft nicht, wichtig sei vor allem, daß sie tatsächlich existiere: „... Die Erfahrung beweist sie. Wie kann die Theorie sie verwerfen ..." Diese markige Wendung signalisiert weniger den Naturforscher als den später berühmten Stilisten.

Von unseren heutigen Vorstellungen über die Physiologie der Nervenbahnen war man damals noch ziemlich weit entfernt: Unser Student jedenfalls sagte von seiner Mittelkraft, sie wohne in einem unendlich feinen, einfachen, beweglichen Wesen, das im Nerv, seinem Kanal, ströme und das er den Nervengeist heiße. Auch meinte unser Autor, er müsse sich kritisch über Albrecht von Haller (1708–1777) äußern. Dies ging den Prüfern aber entschieden zu weit. Einer von ihnen nennt die Arbeit weitläufig und ermüdend; er habe trotz zweimaliger Lektüre den Sinn nicht erraten können. Die Entscheidungen der Prüfungskommission mußten vom Landesherrn bestätigt werden, der zu dem weisen Entschluß kam, daß ein junger Mensch, der viel Schönes gesagt und viel Feuer gezeigt habe, noch ein Jahr auf der Akademie bleiben möge, wo sein Feuer etwas gedämpft werden könne, „... so daß er alsdann einmal, wenn er fleißig zu sein fortfährt, gewiß ein recht großes Subjectum werden kann ..."

So mußte unser Student notgedrungen ein weiteres Jahr aushalten, und im November 1780 reichte er seine zweite, diesmal lateinisch geschriebene Arbeit ein, die sich mit den damals diskutierten Theorien über Sinn und Entstehung des Fiebers auseinandersetzt. Ganz opportunistisch reißt er nun das Steuer herum: Um seinen Professoren gewissermaßen eine Freude zu machen, bezeichnet er diesmal den Animismus Stahls als Träumerei und beschreibt mit Boerhaave den Krankheitsverlauf rein mechanistisch.

Doch er gab sich keine große Mühe und simplifizierte die Situation. Die Professoren durchschauten das Spiel und lehnten die Arbeit abermals ab. Erst die dritte Dissertation: „Versuch über den Zusammenhang der thierischen Natur des Menschen mit seiner geistigen" findet dann Gnade, obwohl auch hier über die Chemie des menschlichen Körpers mehr philosophiert als anhand von Fakten argumentiert wird. So nahm unser Held auch alle in dieser Dissertation geschilderten Krankheitsbilder aus dichterischen Werken, so – allerdings mit Pseudonym – aus einem eigenen: „Life of Moor, Tragedy by Krake." Wie man sieht, hatte unser Student Humor und ahnungslose Professoren.

Am 15. Dezember 1780 wurde er von der Hochschule entlassen und trat: „... mit einer lächerlich steifen und auffälligen Uniform nach Befehl und mit dem kargen Monatsgehalt von 18 Gulden als Regimentsmedicus ..." in ein Grenadier-Regiment ein. Pharmazeutisch scheint er kein Genie gewesen zu sein. Seine Rezepte waren bald ob ihrer ungeheuren Stärke berüchtigt und ein Biograph schrieb später, es sei offenbar nur der guten Natur der Grenadiere zuzuschreiben, wenn sie seine höllischen Mixturen überstanden hätten. Unser junger Arzt muß von seinem zweifelhaften Ruhm selbst erfahren haben, denn in der anonymen Selbstkritik seines ersten dichterischen Werks schrieb er mit dem ihm eigenen Sinn für Humor über den scheinbar unbekannten Verfasser „... er soll ebenso starke

Dosen in Emeticis als in Aestheticis geben und ich möchte ihm lieber zehn Pferde, als meine Frau zur Cur übergeben ...“

Unser Student wurde Dichter. In seinen Werken Spuren der Physiologischen Chemie zu finden, ist schwierig. Nur in einer seiner Erzählungen: „... eine interessante Geschichte aus den Papieren des Grafen von O ...“ finden sich chemische und physikalische Zaubertricks aus den damals häufigen Werken der „Natürlichen Magie“.

Whisky am Grabe eines trunkenen Dichters

„Den wenigen, die mich lieben, und die ich liebe, denen Fühlen über Denken steht, den Träumern und denen, die an Träume als die einzige Wirklichkeit glauben, widme ich dieses Buch der Wahrheiten, nicht in seiner Eigenschaft als Wahrheitsträger, sondern der Schönheit wegen, die seiner Wahrheit entströmt ..."

Diese merkwürdige Widmung steht am Anfang eines berühmten, 1847/48 entstandenen Werkes über Kosmologie. Für unsere heutigen Ohren klingen die hier vorgestellten Ideen zwar etwas merkwürdig. Vergleicht man sie aber mit ähnlichen aus jener Zeit, so reihen sie sich ziemlich nahtlos in die dichte Folge verschiedenartigster Materietheorien des vorigen Jahrhunderts. Bemerkenswert ist die bedeutende Rolle, die unser Autor Gott als Schöpfer des Universums zuschreibt. Drei Kräfte sollen diese Welt letztendlich aufbauen, die zusammen eine Art dynamische Trilogie bilden, die das Verhalten der Atome steuern: die Zerstreuungskraft, der die Anziehungskraft entgegen wirkt, und die Abstoßungskraft. Diese ist nach unserem Autor ein Etwas, das: „... bis zu einem bestimmten Zeitpunkt die Macht besitzt, ihrer Verschmelzung vorzubeugen, aber in keinem Grade die, ihr Streben nach Vereinigung zu hemmen ..."

An einer anderen Stelle heißt es: „... Die Menge der Elektrizität, die durch den Kontakt zweier Körper entwickelt wird, ist proportional der Differenz der respektiven Atomsummen, aus denen die Körper gebildet sind ..." und: „... Jedes Atom jedes Körpers zieht jedes Atom des eigenen oder eines anderen Körpers mit einer Kraft an, die sich umgekehrt zu den Entfernungsquadraten zwischen dem anziehenden und dem angezogenen Atom verhält ..."

Nach Meinung unseres Autors sind diese wirkenden Kräfte die Materie an sich: „... Es ist so unumstößlich wahr, so absolut feststellbar, daß Attraktion und Repulsion die einzigen Eigenschaften sind, durch welche wir das Universum erkennen, mit anderen Worten: durch welche sich die Materie dem Geist offenbart, daß wir das volle Recht haben zu behaupten, daß die Materie nur als Attraktion und Repulsion existiert, daß Attraktion und Repulsion Materie sind, da es keinen Fall gibt, in dem wir nicht ad libitum die Worte Materie, Attraktion, Repulsion zusammengenommen als gleichbedeutende und daher wechselseitig austauschbare Begriffe gebrauchen können ..."

Gelegentlich unternahm unser Autor auch Gedankenexperimente: „Wenn ich versuche, die Einwirkung eines einzelnen Atoms in einem Sonnenstrahl auf sein Nachbaratom festzustellen, so kann ich meinen Zweck nicht erreichen, ohne vorher alle Atome des Weltalls zu zählen und abzuwägen und die genaue Lage eines jeden einzelnen in einem bestimmten Augenblick festzustellen. Wenn ich es wage, das mikroskopisch kleine Stäubchen auf meiner Fingerspitze auch nur um ein Billionstel eines Zolls zu verrücken, was ist die Wirkung der Tat, die ich zu unternehmen wagte? Ich habe eine Tat vollbracht, die den Mond aus seiner Bahn schleuderte, die die Sonne zwingt, nicht mehr Sonne zu sein, und die für immer das Schicksal der unzählbaren Myriaden von Sternen verändert, die vor dem hehren Angesicht ihres Schöpfers dahinrollen und strahlen ..."

Die Erfüllung des Alls mit der letztlich von Gott in nur einem einzigen winzigen Punkt geschaffenen Materie durch Strahlung stellte er sich so vor: „... Es sei mir erlaubt, den einzigen möglichen Modus zu beschreiben, der es begreiflich macht, daß die Materie durch den Raum ausgestreut wurde, so daß sie zu gleicher Zeit die Bedingungen der Ausstrahlung und der im allgemeinen gleichförmigen Verteilung erfüllte. Zur klaren Veranschaulichung des Vorganges wollen wir uns zunächst eine hohle Kugel aus Glas oder einen anderen Stoff vorstellen, die wir anstelle des Raumes setzen, in dem die Weltmaterie durch Ausstrahlung von der absoluten, unabhängigen, unbedingten Partikel, die im Zentrum der Kugel sich befindet, gleichmäßig verstreut worden ist. Eine gewisse Spannung der zerstreuenden Macht – als die wir hier den göttlichen Willen annehmen –, mit anderen Worten eine gewisse Kraft, deren Maß die Menge von Materie, das heißt die Anzahl der ausgesandten Atome ist, strahlt diese bestimmte Anzahl von Atomen aus, und zwingt sie nach allen Richtungen hin aus dem Zentrum heraus. Während dieses Vorganges vergrößert sich der Zwischenraum von einem zum anderen immer mehr, bis sie zum Schluß in die innere Fläche der Kugel verteilt sind. Wenn nun die Atome diese Lage erreicht haben oder zu erreichen streben, schleudert eine zweite Spannung derselben Kraft, oder eine zweite, schwächere Kraft desselben Charakters, wieder durch Ausstrahlung eine zweite Schicht von Atomen fort, diese konzentrischen Schichten, die immer schwächer werden, zum Schluß bis zum Zentralpunkt reichen und die zerstreute Materie zugleich mit der zerstreuenden Kraft völlig erschöpft ist ... Da nun diese Atome gleichmäßig verteilt sind, ... verhält sich die Anzahl der Atome, die auf der Fläche jeder dieser konzentrischen Kugeln liegen ..., gerade proportional zur Ausdehnung dieser Fläche ..."

Ob unser Autor im Rahmen dieser Betrachtungen auch den damals noch nicht veröffentlichten Kreisprozeß von Carnot entdeckt hat oder nicht, ist unter Fachleuten umstritten. Es bedarf sicherlich keiner Diskussion, daß die Zeit über Vorstellungen dieser Art hinweg gegangen ist. Doch – wie schon gesagt – diese Erörterungen entsprachen durchaus dem wissenschaftlichen Niveau zur Mitte des vorigen Jahrhunderts.

Da unser Autor zwar nicht damals, aber heute sehr berühmt ist, wissen wir über die Entstehungsumstände der oben zitierten Schrift genauestens Bescheid. Eine der zwei Örtlichkeiten, die ihn inspirierten, war die Bank unter dem Kirschbaum in seinem Garten: „... Dort lag er, wenn er von seinen langen Spaziergängen in der aufgehenden Sonne heimgekehrt war, bis ihn die Mutter zu dem einfachen Frühstück rief, zu der Brezel und den zwei Tassen starken Kaffees, oder, wenn es keine Brezel gab, zu der Schnitte Brot mit dem gesalzenen Hering als Leckerbissen ... Auf dieser Bank streckte er sich oft aus, blickte durch die Zweige hindurch, in denen die Vögel und die Bienen umherflogen ..."

Wie man dieser Beschreibung leicht entnehmen kann, war der Gesuchte weder Chemiker noch Physiker. Tätige Forscher stehen im Labor und vertrödeln nicht ihre kostbare Zeit durch Starren in Kirschbäume. Tatsächlich war der Gesuchte Literat, lebte in den Vereinigten Staaten und seine Werke stehen in zahllosen Neuauflagen in jeder Buchhandlung. Betrachtet man seine Werke genauer, so wird man öfter finden, daß Erkenntnisse aus Chemie und Physik und „natürlicher Magie" in die Dramaturgie der Handlung einbezogen werden. Einige dieser Passagen sind so berühmt, daß man sie im Rahmen eines solchen Rätsels nicht zitieren darf, es würde sonst zu leicht werden.

Wo er seine naturwissenschaftlichen Kenntnisse her hatte, wissen wir ziemlich genau: Im Juni 1839 war er als Redakteur und Mitherausgeber bei der in Philadelphia erscheinenden Zeitschrift „Gentleman's Magazine" des früheren Theaterdirektors und Komödiendichters W. E. Burton eingetreten, für einen Wochenlohn von 10 Dollar und mit der Verpflichtung, wenigstens zwei Stunden am Tage in der Redaktion anwesend zu sein. Neben unsterblichen Meisterwerken der Literatur veröffentlichte er eine referierende Artikelserie: „Aus Kunst und Wissenschaft", die bei den damaligen Lesern besonders beliebt gewesen sein soll. Er berichtete darin über Ballonfahrten, neue Dampfmaschinen, über die Fortschritte der Daguerrotypie und alle möglichen naturwissenschaftlichen Forschungen und Entdeckungen. So blieben seine Kenntnisse auf der Höhe seiner Zeit.

Allerdings muß man gestehen, daß er nicht frei von menschlichen Schwächen war. Zu seinem frühen Ende hat wesentlich der Alkohol beigetragen, und so kam in den letzten

Jahrzehnten der merkwürdige Brauch auf, daß jeweils an seinem Todestag ein schwarz verhüllter und maskierter Unbekannter um Mitternacht auf seinem Grab in Baltimore eine angebrochene Flasche seines Lieblingswhiskys niederstellt. Eine einzigartige Form der Totenehrung!

Auf der Suche nach dem Geheimnisvollen und der Zukunft

„... Soll die Reaktion eine vollständige sein, so ist es nötig, ein Gemisch von Salpetersäure mit konz. Schwefelsäure, die noch 20 % rauchende Säure hat, anzuwenden. Man verwendet auf je 100 Tl. reines Phenol 300 Tl. Salpetersäure 1:4 und 200 Tl. von obigem Schwefelsäuregemisch. Die Reaktion ist anfangs äußerst heftig, so daß Kühlung von außen nötig ist; desgleichen darf Phenol nur langsam eingetragen werden ..."

Es wäre nun ziemlich dämlich, Chemiker danach fragen zu wollen, was bei dieser historischen Rezeptur herauskommt: natürlich Pikrinsäure! Aber, wer eigentlich hat ihre zunächst unbekannte Explosivkraft entdeckt. Lange Zeit färbte man mit Pikrinsäure Textilien und wunderte sich nur, warum gerade gelbgewandete Damen so leicht Feuer fingen.

Den Entdecker dieser Eigenschaft wollen wir mit seinem echten Namen Eugène nennen. 1849 erblickte er das Licht dieser Welt als Sohn eines Schuhmachers in Rosendael bei Dünkirchen. Die Familie übersiedelte nach Paris. Eugène beschloß, Medizin zu studieren, sattelte aber schließlich auf Chemie um und arbeitete nach Beendigung seines Studiums meist als freiberuflicher Chemiker und dies mit großem Erfolg. 1873 hatte man nach schwersten Vergiftungsfällen das Anfärben von Kinderspielzeug aus Kautschuk verboten; er entwickelte nun ungefährliche Kautschukfarben und gewann damit den Preis Montyon der Académie des Sciences.

Dann wandte er sich der Pyrotechnik zu und erfand, da Schießbaumwolle für bestimmte artilleristische Zwecke nicht sehr gut geeignet war, 1880 den Sprengstoff „Panclastite", der aus einer hochbrisanten Mischung von Stickstoffdioxid und Petroleum besteht. 1885 entdeckte er die Detonationsfähigkeit der Pikrinsäure. Den gelben, unempfindlichen, leicht schmelz-

und gießbaren Sprengstoff taufte er „Melinite“ und verkaufte sein ja nicht allzu kompliziertes Herstellungsverfahren und seine Weiterverarbeitungstechnik zu dem damals äußerst stattlichen Preis von 250 000 Fr. an den französischen Staat, der sich seinerseits mit dem Kreuz der Ehrenlegion erkenntlich zeigte. Aber die Beamten hatten nicht aufgepaßt und zwar in mehrfacher Hinsicht: Einmal hatte man es dem Erfinder trotz des hohen Kaufpreises nicht verwehrt, sein Verfahren auch im Ausland anzubieten, und genau dies versuchte nun Eugène bei der Waffenfirma Armstrong, der aber der Preis zu hoch war. Gleichzeitig erfuhr Eugène, daß ein Artillerie-Hauptmann namens Triponé das Verfahren ausspioniert hatte, um es seinerseits erfolgreich zu verscherbeln. Der betrogene Chemiker verfaßte nun ein Buch: „Comment on a vendu la melenite“. Dieses wiederum ging dem Staat zu weit, und sowohl Triponé als auch unser Erfinder sahen sich vor Gericht wieder. Nicht nur Triponé, auch Eugène wurde verurteilt und zwar zu fünf Jahren Gefängnis und zehn Jahren Entzug der Aufenthaltserlaubnis „wegen Verbreitung wichtiger Verteidigungsgeheimnisse in seinem Buche“. Von der Strafe mußte er immerhin 23 Monate in Etampes absitzen, bevor man ihn begnadigte. In dieser Zeit verfaßte er den dritten Teil seines Werkes „Les Forces naturelles“, und er forschte auch hinter Kerkermauern unverdrossen über Rohrrücklauf und automatische Zündung. 1898 ließ er sich in dem kleinen Städtchen Pontoise bei Paris nieder und lebte beschaulich als Privatier seinen Studien und Liebhabereien. 1901 wurde er völlig rehabilitiert und als beratendes Mitglied in die technische Sektion der französischen Artillerie gewählt. Begünstigt durch die damals neu entwickelten Verfahren zur Stickstoff- und Ammoniakverbrennung kam es zu einem unverhofften Wiederaufblühen des Panclastites, das als „zerstörungsgewaltigstes Bombenfüllmittel des I. Weltkrieges“ ganz wesentlich zum schließlichen Sieg der Entente beitragen sollte.

Nach dem Kriege erhielt Eugène vom französischen Staat eine Ehrenrente von jährlich 20 000 Fr., die ihm die Ruhe seiner alten Tage sicherte. 1927 lag auf seinem Sarge das Kreuz der Ehrenlegion, das der einstens Verurteilte nie mehr getragen hatte.

Der Leser wird jetzt sagen, dies Rätsel sei zu schwer, und der Rätselverfasser, der heute seinen guten Tag hat, findet das auch, und darum sei verraten: Unser Erfinder heißt François Eugène Turpin. Der geneigte Leser wird jetzt wähnen, man habe ihn gefoppt, denn ein Rätsel, ohne raten zu müssen, ist ja eigentlich keines! Doch so einfach ist die Sache auch wieder nicht, denn 1896 war ein Roman erschienen, in dem Turpin als Randfigur vorkam:

„... Diese Lafette trägt drei der Raketen, deren Füllung eine beträchtliche Reichweite garantiert, ohne daß sie den Halbkreisbogen beschreiben muß, den der Erfinder Turpin für seine gyroskopischen Geschosse vorgesehen hatte ..."

Turpin fragte nun bei dem Verlag an, was es denn mit seiner Erwähnung auf sich habe, und ein redseliger Verlagsangestellter verriet ihm, daß der Autor ihn nicht nur zitiert hatte, sondern, daß er, Turpin, darüber hinaus die Vorlage für die ziemlich verrückte Hauptfigur des Romans abgegeben habe. Dieses verdroß ihn mächtig, denn diese Romangestalt stand schon ziemlich neben dem Teppich, wie man heute sagen würde. Doch sie schien ihm trotzdem irgendwie ähnlich zu sein, und so verklagte er den Autor auf die Zahlung von 250 000 Fr. Dieser aufsehenerregende Prozeß fand im Winter 1896/97 statt. Der beklagte Autor ließ sich von dem Staranwalt und prominenten Politiker – und späteren Präsidenten der Republik – Raymond Poincaré (1860–1939) verteidigen, der bald erreichte, daß Turpin nur noch einen Franc als symbolische Bestrafung forderte, aber trotzdem auch in der Berufung verlor.

Aus den Briefen des Verfassers an seinen Bruder läßt sich indessen heute zeigen, daß tatsächlich Turpin als Vorbild gedient hatte. Die Richter gelangten jedoch zu der Erkenntnis, daß der Autor Turpin habe nicht schaden wollen, und der Schluß des Romans gereiche dem Kläger sogar zur Ehre: Der verrückte Erfinder opfert sich nämlich schließlich und stirbt im Roman für die französische Sache den Heldentod. Hören wir die sagenhafte Sprengwirkung der Erfindung Turpins in literarischer Überhöhung:

„... Mit dem Sprengstoff, der in seiner Wirkung alles Bisherige weit in den Schatten stellt, wird in folgender Weise gearbeitet: Ein zehn Millimeter starkes Loch wird fünf Zentimeter tief schräg ins Gestein hineingetrieben. Mit einigen Gramm des Sprengstoffs gefüllt, braucht das Loch nicht einmal verschlossen zu werden. Dann tritt Thomas Roch in Aktion. In der Hand hält er ein Reagenzglas mit einer bläulichen, ölartigen Flüssigkeit, die gerinnt, sobald sie mit Luft in Berührung kommt. Er träufelt einen Tropfen auf den Sprengstoff im Bohrloch. Er zieht sich zurück – ohne besondere Eile. Denn es braucht eine gewisse Zeit – etwa 35 Sekunden – bis sich die Synthese von Sprengstoff zu Zündstoff vollzogen hat. Dann aber erfolgt die Explosion, deren Kraft man nur als schlechthin unbegrenzt bezeichnen kann, denn sie übertrifft die Gewalt der vielen bekannten Explosivstoffe um das Tausendfache ...“

Übrigens hat sich unser Autor häufiger mit Chemie beschäftigt. 1872 schrieb er eine besonders köstliche Novelle, in der ein machthungriger Chemiker ein friedliches flandrisches Städtchen mit Hilfe der Doppelleitungen seiner Gasanstalt, die mit elektrolytisch erzeugtem Knallgas die Stadt beleuchtet, in Aufruhr versetzt:

„...Nachdem Dr. O. seine Gasleitungen verlegt hatte, reicherte er zunächst die öffentlichen Gebäude, dann die Privathäuser und schließlich auch die Straßen mit reinem Sauerstoff an. Wenn dieses völlig geschmack- und geruchlose Gas die Atmosphäre sättigt und in hoher Dosis eingeatmet wird, kann es die schwersten Störungen im Organismus hervorrufen. In einer oxygensatten Umgebung, wie es Quiquendone nach den Versuchen des Doktors war, mußte man aufgeregt und gereizt reagieren, denn man brannte innerlich ... Lebt man länger unter dem Einfluß des Gases, das den Körper ebenso angreift wie die Seele, so verbraucht man sich und stirbt bald, wie übrigens bei jeder Art von Exceß. Die Quiquendonen konnten also von Glück reden, daß die Explosion dem Experiment ein Ende machte. Und was sollte das alles denn nun?

Dr. O. hatte eine Theorie: Tugend, Mut, Talent, Phantasie und alle anderen Fähigkeiten des Geistes waren nur eine Oxygenfrage ... Das ganze war ... Richtig! Das ganze war ein phantastisches Experiment. Sonst nichts ..."

Unser Autor wurde 1886 von einem irren Verwandten ins Bein geschossen und mußte lange Jahre große Schmerzen leiden, die ihren literarischen Niederschlag in dem Sonett „An das Morphium" fanden:

„Nimm, Doktor, wenn nötig, die Flügel des Merkur,
Um schneller teures Balsam mir zu geben!
Der Moment ist gekommen, die Spritze hervor,
Vom Höllenbett wird sie mich in den Himmel heben! ..."

Von Wahnideen gehetzt

Nicht immer schaffen Genies wirklich Geniales. Als problematisches Beispiel werden hier Texte aus einer berühmten Selbstbespiegelung vorgestellt: „Aus meinem Leben". Beginnen wir mit einer Phase aus dem ersten Kapitel „Die Hand des Unsichtbaren":

Wegen einer Blutvergiftung mußte unser Held in ein Krankenhaus, wo eine Ordensschwester den schwierigen Patienten geduldig betreute: „... und als sie entdeckt, daß ich mich mit Chemie beschäftigte, richtet sie es so ein, daß ich dem gelehrten Apotheker des Hospitals vorgestellt werde. Der leiht mir Bücher, und als ich ihm von meiner Theorie über die Beschaffenheit der Elemente berichte, stellt er mir sein Laboratorium zur Verfügung ... Das erste Buch, das ich aus der Bibliothek des Apothekers mitnehme, öffnet sich sozusagen von selbst, und mein Blick stürzt sich wie ein Falke auf eine Zeile des Kapitels: Phosphor. Mit wenigen Worten berichtet der Autor, der Chemiker Lockyer habe mittels Spektralanalyse nachgewiesen, das Phosphor kein einfacher Körper sei; die Abhandlung über sein Experiment sei der Akademie der Wissenschaften in Paris eingereicht worden und dort habe man den Sachverhalt nicht geleugnet. Dieser unerwartete Beistand verleiht mir Mut. Ich nehme meine Tiegel mit den Rückständen des unvollständig verbrannten Schwefels und gehe in die Stadt. Dort übergebe ich sie einem chemischen Institut, wo man mir sagt, ich könne mir am nächsten Tage das Ergebnis der Analyse abholen ... Am nächsten Morgen eile ich zu meinem Chemiker am Boulevard Magenta ... Ich schließe mich in mein Zimmer ein, öffne den Umschlag, der über meine Zukunft entscheidet, und lese: „Das uns zur Untersuchung eingereichte Pulver zeigt folgende Charakteristika: Farbe: grau-schwarz, hinterläßt Spuren auf dem

Papier. Dichte: sehr groß. Größer als die Dichte des Graphit; der Stoff könnte ein harter Graphit sein. Chemische Untersuchung: Das Pulver ist leicht brennbar und entwickelt bei der Verbrennung Kohlenoxyd und Kohlensäure. Es enthält also Kohlenstoff." Reiner Schwefel enthält also Kohlenstoff! Ich bin gerettet! Von diesem Augenblick an kann ich meinen Freunden und Verwandten beweisen, daß ich nicht verrückt bin. Auch die Theorien meiner Arbeit „Antibarbarus", die vor einem Jahr herauskam und in den Zeitungen wie das Werk eines Quacksalbers und Wahnsinnigen verrissen wurde sind bestätigt ... ich schreibe einen Aufsatz über das Thema und schicke ihn an „Le Temps". Er erscheint schon am übernächsten Tage! Die Losung ist gegeben, man antwortet mir von den verschiedensten Seiten, ohne die Richtigkeit meiner These zu bestreiten. Ich gewinne Anhänger, werde aufgefordert Artikel für eine chemische Zeitschrift zu schreiben, und gerate in einen Briefwechsel, der mich anspornt meine Untersuchungen forzusetzen. ... Auf der Rennbahn angelangt, bleibe ich beim Grenzstein stehen ... wende mich zum Bouleard Saint Michel und verweile einen Augenblick vor Blanchards allen zugänglichen antiquarischen Buchhandlung. Ohne zu überlegen, ergreife ich ein altes Lehrbuch der Chemie von Orfila, schlage es auf gut Glück auf und lese: „Den Schwefel hat man unter die Elemente aufgenommen. Die wohlüberlegten Experimente Davys und des jüngeren Berthollets scheinen jedoch zu beweisen, daß er Wasserstoff, Sauerstoff und eine Base enthält, deren Isolierung bisher jedoch nicht gelungen ist".

Man kann sich meine fast religiöse Verzückung vorstellen, die mich bei dieser wunderbaren Enthüllung ergreift ... Mir also kommt es zu, die Formel für Schwefel aufzustellen. Einige Tage später bin ich in der naturwissenschaftlichen Fakultät der Sorbonne des heiligen Ludwig eingeschrieben und damit berechtigt, im analytischen Laboratorium zu arbeiten. Der Morgen, an dem ich mich zum ersten Male zur Sorbonne begebe, ist für mich ein hohes Fest. Obwohl ich mir keine Illusionen mache, jemals die Professoren zu überzeugen, die mich mit kühler, Fremden und Eindringlingen reservierten Höflichkeit empfangen haben, erfüllt mich eine milde ruhige Freude und der Mut des Märtyrers, der den Kampf gegen seine Feinde aufnimmt". (Er besucht die Kirche der Sorbonne:) „Beim Anblick der Votivtafeln, zum Dank für den glücklichen Ausgang des Examens gestiftet, lege ich das feierliche Gelöbnis ab, niemals, falls ich je Erfolg erringen sollte, weltliche Auszeichnungen für meine Verdienste entgegen zu nehmen.

Es ist soweit, die Stunde hat geschlagen: Ich muß Spießruten laufen durch die Reihen unbarmherziger Jugend, die mich verspottet, weil sie schon erfahren hat, welche schimärische Aufgabe ich mir gesetzt habe. Ungefähr zwei Wochen sind vergangen, und ich habe unbestreitbare Beweise geliefert, daß der Schwefel eine Dreistoff-Verbindung ist und aus Kohlenstoff, Sauerstoff und Wasserstoff besteht." (Der Entdecker teilte seinen Fund in drei Buchpublikationen mit: Gedrucktes und Ungedrucktes, Stockholm 1897; Sylva Sylvarum, Paris 1896; Hyperchemie, Paris 1897.)

„Ich danke dem Direktor des Laboratoriums, der sich nicht für meine Angelegenheit zu interessieren scheint, und verlasse das neue Fegefeuer von unaussprechlicher innerer Freude erfüllt ... Einige Tage, nachdem ich meine Forschungen an der Sorbonne abgeschlossen habe, erblicke ich in der Nähe des freien runden Platzes auf dem Friedhof (Montparnasse) ein Grabmal von klassischer Schönheit. Ein weißes Marmormedaillon gibt die edlen Züge eines weisen alten Mannes wieder, und auf dem Sockel lese ich die Inschrift: Orfila, Chemiker, Toxikologe. Es ist mein Beschützer und Freund, der mich später noch viele Male den Weg durch das Labyrinth chemischer Versucher geleiten soll ..."

Die nächste Passage ist dem Kapitel „Die Versuchung des Dämons" entnommen und zeichnet köstlich die weltlichen Versuchungen, die auf erfolgreiche Erfinder einstürmen:

„... Mein Erfolg mit dem Schwefel hat mir Mut gemacht, und so beginne ich, mich mit Jod zu beschäftigen. Nachdem ich einen Aufsatz in „Le Temps" über eine Synthese des Jods veröffentlicht habe, besucht mich ein unbekannter Herr in meinem Hotel. Er stellt sich als Vertreter aller Jodfabriken Europas vor, hat soeben meinen Aufsatz gelesen und sagt, daß es einen Börsenkrach geben müßte, an dem wir Millionen gewönnen, sobald wir uns geeinigt hätten und das Patent besäßen. Ich erwidere, ich hätte keine industrielle Erfindung, sondern nur eine wissenschaftliche Entdeckung gemacht, die noch nicht reif sei ... Er geht wieder. Die Hotelbesitzerin, die den Unbekannten von früher kennt, erfährt von ihm selbst die große Neuigkeit. Zwei ganze Tage lang gelte ich im Hotel als zukünftiger Millionär ..."

Etwas tiefer in seine Geisteswelt führt ein Zitat ein, das dem Kapitel „Das wiedergewonnene Paradies" entnommen ist:

„... Bereits 1884 hatte ich an der Zusammensetzung der Atmosphäre gezweifelt und an der Behauptung, der Stickstoff der Luft sei identisch mit dem Stickstoff, der bei Fällung einer Stickstoffverbindung frei wird. 1891 arbeitete ich im physikalischen Laboratorium in Lund, um die Spektren dieser beiden Stickstoffarten zu vergleichen. Man kann sich vorstellen, welches Echo ich bei den gelehrten Mechanisten fand!

Aber das Jahr 1895 hat mit der Entdeckung des Argon meine frühere Vermutung bestätigt, und meinen wegen übereilter Heirat abgebrochenen Forschungen neuen Auftrieb gegeben. Obgleich alle völlig einmütig die Einheit der Materie anerkannten und sich Monisten nannten, ohne es zu sein, ging ich noch einen Schritt weiter, zog die letzte Konsequenz aus der Lehre und versuchte die Grenzen zwischen der Materie und dem sogenannten Geist fortzuräumen. Ich hatte bereits 1894 in meinem Heft „Antibarbarus" eine Abhandlung über die Psychologie des Schwefels veröffentlicht, die ich durch Ontogonie, d. h. die embryonale Entwicklung des Schwefels, erklärte ..." Einer der Höhepunkte findet sich im „Auszug aus meinem Tagebuch des Jahres 1896":

... da raffe ich meinen Willen zu einer letzten Anstrengung zusammen: Ich **will** auf trockenem Wege durch Feuer Gold herstellen. Geld wird irgendwie herbeigeschafft, und auch der

Ofen, die Tiegel, Kohle, Blasebalg und die Zangen werden hervorgeholt. Die Hitze ist unerträglich, und nackt bis zur Hüfte wie ein Schmied schwitze ich vor dem offenen Feuer. Da im Schornstein die Spatzen ihr Nest gebaut haben, schlägt der Kohlenqualm in mein Zimmer zurück. Nach dem ersten Versuch werde ich rasend vor Wut; alles mißlingt und die Folgen meiner Versuche sind nur Kopfschmerzen und die Einsicht, daß doch alles vergeblich ist. Nachdem ich die Masse dreimal über dem Feuer umgeschmolzen habe, untersuche in das Innere des Tiegels. Der Borax hat einen Totenkopf mit zwei leuchtenden Augen gebildet, die mir wie übernatürliche Ironie in die Seele schneiden. Kein metallischer Niederschlag! Ich gebe die Versuche auf. Ich sitze im Lehnstuhl und lese in der Bibel, die ich auf gut Glück aufgeschlagen habe: „... so spricht der Herr, dein Erlöser ... Ich bin der Herr, der alles gut, der den Himmel ausbreitet allein und die Erde weit macht ohne Gehilfen, der die Zeichen der Wahrsager zunichte und die Weissager toll macht; der die Weisen zurückkehrt und ihre Kunst zur Torheit macht".

Zum ersten mal taucht in mir Zweifel an meiner wissenschaftlichen Forschung auf! Wenn es wirklich nur Torheit war, ach, dann habe ich für ein Hirngespinst mein Lebensglück und das meiner Frau und meiner Kinder hingegeben! Weh mir, ich Tor! ..."

Dieses Rätsel scheint schwer, doch sind Genies so häufig nicht, daß man die wenigen, die es gab, nicht erraten könnte. Der hier Vorgestellte ist einer der bedeutendsten Dramatiker der Weltliteratur. Er galt als Sozialrevolutionär, und er mußte einmal wegen angeblicher Gotteslästerung vor Gericht. Sein Verhältnis zu Frauen war recht problematisch, und doch gilt sein literarisches Werk als wesentlich auf dem Weg der Befreiung der Frau aus der Enge der Konventionen. Seine Werke werden übrigens noch heute gelesen und auch gespielt.

Kampf dem Bösen

Kein Privatlaboratorium des vorigen Jahrhunderts ist uns so getreu überliefert wie das des Gesuchten, den wir X nennen wollen. Dank dem Zeichner Sidney Paget wissen wir genau, wie es aussah. Und ein Freund des Gesuchten hat uns liebevoll hinterlassen, wie X in diesem oder besser an diesem – denn es handelte sich um ein reines Tischlaboratorium – wirkte: Er: „... hatte sich stundenlang über eine Porzellanschale gebeugt, in der ein besonders übelriechendes chemisches Produkt braute. Sein Kopf war auf die Brust herabgesunken, und der lange schmale Rücken war so gekrümmt, daß die Gestalt meines Freundes einem schlanken Vogel mit grauem Gefieder und schwarzer Haube glich ... (er) drehte sich auf seinem Stuhl um. Er hatte ein rauchendes Reagenzröhrchen in der Hand, und seine tiefliegenden Augen zeigten eine vergnügte Stimmung an ... er steckte das Probierröhrchen in ein Gestell und begann mit der Miene eines Lehrers zu reden ..."

Dieses Tischlaboratorium war voll in die behaglich bürgerliche Atmosphäre des Wohnzimmers integriert: „... er lag schlafend im Lehnstuhl. Ein ganzes Regiment von Flaschen, Röhren und Tiegeln und der scharfe Geruch von allerhand Säuren wiesen darauf hin, daß er sich eifrig mit chemischen Untersuchungen abgegeben hatte, was eine Liebhaberei von ihm war ..."

Aber eben doch eine Liebhaberei mit manchmal sehr ernsten Folgen: Er „... saß im Schlafrock an einem Seitentisch und war eifrig mit einer chemischen Analyse beschäftigt. Über der bläulichen Flamme des Bunsenbrenners siedete und brodelte in der Retorte eine Flüssigkeit, deren destillierte Tropfen sich in einem Zweilitermaß sammelten. Als ich eintrat, hob mein Freund kaum den Blick; das Experiment, welches er vorhatte, mochte wohl sehr wichtig sein. Ich setzte mich in einen Lehnstuhl und wartete, während er seine Pipette bald in diese, bald in jene Flasche eintauchte. Endlich trat er mit der fertigen Lösung im Reagenzglas vor mich hin, in der Rechten einen Streifen Lackmuspapier haltend: ‚Du kommst gerade in einem kritischen Moment‘, sagte er, ‚behält das Papier seine blaue Farbe, so ist alles gut; wird es rot, so kostet es ein Menschenleben‘ ...“

X hielt viel auf Beobachtung und Kombination und erfreute seine Umgebung – er war übrigens Junggeselle, was man wohl sein muß, wenn man sein Wohnzimmer zum Laboratorium umfunktionieren will – mit neckischen Trivialitäten: „... Zum Glück ist Mondschein heller als Nebel ...“

Sein persönlicher Wahlspruch entstammte seiner Vorliebe für französische Literatur: „... 'L'homme, ce n'est rien – l'oeuvre c'est tout' wie Gustave Flaubert an George Sand schrieb ...“

Überhaupt war X ein sehr musischer Mensch: „... Mein Freund war ein Musik-Enthusiast, der ausgezeichnet Violine spielte, und dessen Kompositionen sich weit über das Gewöhnliche erhoben. In völliger Glückseligkeit saß er den ganzen Nachmittag auf dem Sperrsitz (in einem Konzert) und bewegte die langen schmalen Finger im Takt ...“

Trotz des Durcheinanders von Laboratorium und Wohnzimmer hielt X doch auf Gastlichkeit und Tischkultur: „... Die Gaslampe brannte und warf ihren blendenden Schein auf das weiße Tischzeug, das blinkende Porzellan und Silberzeug ... dann aber erzählte er während des ganzen Essens beinahe nichts anderes als Geschichten von Violinen und wie er seine eigene echte Stradivarius, die mindestens 100 000 £ wert sei, bei einem Trödeljungen für 55 £ gekauft hätte. Dies brachte ihn auf Paganini zu sprechen, und über eine Stunde lang saßen wir noch bei einer Flasche Burgunder ...“

Zwar zeigte X durchaus asketische Charaktereigenschaften: „... seine Züge waren so starr und regungslos, wie die einer indianischen Rothaut, ein Gesichtsausdruck, dem man es zuzuschreiben hatte, daß viele in ihm mehr eine Maschine als einen Menschen sahen ..." Doch war sein Charakter nicht ohne Gefährdungen: X war süchtig: „... Er ... begrub sich unter seinen alten Büchern und wechselte zwischen Kokain und Ehrgeiz, zwischen Erschlaffung und aufflammender Energie seiner scharfsinnigen Natur ..."

Auch war er permanenter Raucher, der den Tabak von Zigarren und Zigaretten bis zum wirklich letzten Krümel nutzte. Alkohol nahm er gerne und zu jeder Tageszeit zu sich. Auch war er nicht eigentlich sportlich, wiewohl er so wirkte: Er „... war an sich kein Freund gymnastischer Übungen. Übertrafen ihn auch nur wenige an Muskelkraft, und war er auch zweifellos einer der besten Boxer, die mir je vorgekommen sind, so erschien ihm doch zwecklose körperliche Anstrengung als Kraftvergeudung ..." Trotzdem blieb er beständig sehr leistungsfähig.

Sein Freund schrieb rückerinnernd, daß sich Xs Begeisterung für Chemie schon früh gezeigt habe, und stellte folgendes Zeugnis aus: „... Philosophie, Astronomie und Politik waren darin – wenn ich mich recht erinnere – mit einer Null versehen. In Botanik warst Du mäßig, in Geologie dagegen sehr gründlich, namentlich in Bezug auf Dreckspuren aus jeder beliebigen Gegend im Umkreis von London; mit Chemie stand's brilliant ..."

Seine eher biochemischen Untersuchungen veröffentlichte X angesichts ihres interdisziplinären Charakters im „Anthropologischen Journal". Über viele Jahre hinweg arbeitete er an einer Abhandlung über Tabakvergiftungen. Seine organisch- und bio-chemischen Kenntnisse und Untersuchungsmethoden kamen ihm sehr zustatten bei der Aufklärung eines berühmten illegalen Falles der Anwendung von „Radix pedes diabolis", zu deutsch Teufelsfuß. Doch war er auch ein Meister der anorganischen Analyse, und so brachte er einen Falschmünzer durch die Untersuchung der Metallspäne in der Naht von dessen Jackenärmel zur Strecke, deren Legierung genau mit der des aufgefundenen Falschgeldes übereinstimmte.

Ein Meister des unheimlichen

„VIVO" – ich lebe – steht noch heute auf dem Grabstein des 1932 Verstorbenen. Damals – als er zwar auch lebte, aber noch unter uns weilte – lenkte ihn ein Sinnspruch des Agrippa von Nettesheim: „Nicht Gestirn noch Unterwelt: in uns allein der Geist ist's, der alles bewirkt". Der Gesuchte, der sich in seinen eigenen Erinnerungen selbst Wüstenhund nannte, war wohl einer der letzten Alchemisten, von dem wir wissen. 1928 schrieb er: „... Es mögen an die fünfunddreissig Jahre her sein, und ich war noch jung und hatte daher vollauf Muße und Zeit, all die Dummheiten zu begehen, deren Erinnerung mir jetzt das Alter verschönt, – da beschloß ich eines Tages, mich nicht nur wie bis dahin theoretisch, sondern praktisch mit Alchemie zu befassen ..."

Er freundete sich mit einem dubiosen Wissenschaftler an, der offensichtlich allein vom Alkohol lebte. Dieser hatte eine Substanz entdeckt, mit der sich ohne Hilfe von Gold gewöhnliches Glas in Goldrubinglas verwandeln läßt, wozu dieser geniale Säufer zu sagen pflegte: „Gold ist Dreck". Unser Wüstenhund wähnte nun, hinter dieser Aussage stecke eine alchemistische Wahrheit, die man hinterfragen müsse. Er vertiefte sich in allerlei alchemische Bücher, um dahinter zu kommen, was der Urstoff, die „Prima Materia", wohl gewesen sein könnte. Er fand in den Schriften des legendären Grafen de Marsciano, daß der Urstoff tatsächlich aus menschlichen oder tierischen Exkrementen zu bereiten sei und dann: „Unsere Materia ist gelb wie Butter, riecht himmlisch und schmeckt süß wie Manna". Es gelang nun, den zweiten Band des gräflichen Werkes zu erwerben, in dem behauptet wurde, daß sich im Schoße der Erde Exkremente in einen Stoff verwandeln, der dieser Beschreibung entspräche. So begab er sich zu einem

„König der Nacht", was aber offenbar die alchemistische Umschreibung für einen Kloakenreiniger ist: „Was soll ich weiter viel erzählen? Die alten Alchemisten behaupten fast übereinstimmend, der Prozeß der Elixierbereitung sei behütet von finsteren Mächten der Unterwelt und führe namenloses Unheil im Gefolge. Armut, unheilbare Krankheit, gewaltsamer Tod. Tatsache ist: ich habe den Urstoff vorschriftsmäßig durch Wochen konstant erwärmt. Tatsache ist: zu meinem und des chemischen Beraters höchstem Erstaunen stellten sich auch die erwähnten unerklärlich schönen Farbveränderungen bis zum Pfauenglanz ein. Tatsache ist: als ich eines Tages vor der Retorte stand, zerplatzte diese mit lautem Knallen und der „Stoff" flog mir ins Gesicht ... Tatsache ist: als ich ein drittes Mal den Versuch wiederholen wollte, wurde ich von einer gräßlichen Krankheit befallen, die als unheilbar gilt und erst nach vielen Jahren langsam wich. Seitdem halte ich mich fern von praktischer Alchemie ..." So kam es, daß er sich zuweilen eher böse über diese äußerte: „Die Alchemisten im Mittelalter zerbrachen sich den Kopf, wie man aus dem trüben Blei des Erdendaseins die Tinktur des ewigen Lebens gewinnen könne – die Heutigen sind über so etwas längst hinaus. Die trachten, das Gold der Unsterblichkeit in schmierige Banknoten zu verwandeln". Vielleicht steckte in diesem Satz so etwas wie Selbstkritik, denn unser Wüstenhund – übrigens schon dieser Name verrät den selbst dichtenden Freund Hermann Hesses – hatte dreizehn Jahre lang als Privatbankier in Prag gearbeitet. Das Kapital dieser Bank stammte wohl aus dem Erbe seines Vaters. Er war der uneheliche Sohn einer Schauspielerin. Von Minderwertigkeitskomplexen geschüttelt, gierte er nach Kampf und Bewährung. „Wer geistig empor kommen will, der muß gehaßt werden; das schien der Wüstenhund unbewußt erfaßt zu haben, denn er ließ das erhabene Ziel, Feinde zu werben, keine Minute der 38 Stunden, die für ihn den Tag ausfüllten, aus dem veilchenblauen Auge", schrieb er später. Gerne forderte er Offiziere – einen Berufsstand, den er besonders innig haßte. Auch dabei bediente er sich alchemistisch-magischer Praktiken, und wie uns sein Biograph durchaus glaublich versichert, haben diese sogar funktioniert: „... Er wurde wegen seiner Herkunft als uneheliches Kind verhöhnt, worauf er aggressiv reagierte und den Gegner zum Duell forderte. Einmal wurde er von einem Offizier angeklagt und arretiert. Kurz zuvor aber hatte er ein Ei unter einem Holunderbusch vergraben – eine uralte Form der Zauberei. Das verfaulende Ei sollte magisch auf die Niederungen der Dämonenwelt einwirken und sie befriedigen, womit er hoffte, das Gleichgewicht zwischen den Offizieren und ihm zu seinen Gunsten zu beeinflussen und zwar eben auf dem Platz, wo das Duell stattfinden sollte. Während er in der Zelle auf das Duell wartete und bereits drei Tage verstrichen waren, kam die Nachricht, der Offizier sei in einem anderen Duell tödlich verwundet worden. Er wurde freigelassen. Als er das Ei ausgrub, war nur die Schale übriggeblieben. Der Inhalt war nicht verfault, aber völlig verschwunden ... Auch die Wohnung unseres Wüstenfuchses wirkte höchst befremdlich. Er selbst beschrieb sie so: In der Mitte des Zimmers stand „....ein hohler Baum mit einer schwarzen ausgestopften Katze darauf. Ein Richtschwert baumelte herab. An der anderen Wand waren Hinterhaupt, Ellenbogen, Unterschenkel und Füße eines gewissermaßen in die Mauer hinein verschwindenden oder springenden Mannes aus grünem Gips sichtbar. Der Ofen war umkleidet mit einem antiken, umgekehrten Kirchenkanzelaufsatz und schwarzen Stuckwänden mit fratzenhaften Gespenstergesichtern. Kurz: erlesenster Geschmack ..."

Dem Dichter Max Brod war die große Standuhr aus Porzellan aufgefallen, die einen riesigen Teufel darstellte, der mit wütenden Grimassen auf Uhr und Zeit einschlägt: „... Man konnte nicht hinsehen, ohne jeden Augenblick den Knall des zerkrachenden Porzellans im Ohr zu empfinden ... Äußerlich wirkte er gar nicht so magisch. Ein Dichterkollege sah in ihm einen „sportsmäßig mageren Herrn", der durch einen „eindringlichen blauen Blick" auffiel, mit scharfem Witz und untrüglicher Beobachtungsgabe. Später in München lebte er als

Kaffeehaus-Literat vorzugsweise im Café Stephanie (Schwabing) und im Luitpold. Oskar Kokoschka fand, daß unser Wüstenhund nach Prag besser paßte als nach München: „... Seltsam, einen reifen Mann sich mit okkulten Themen, indischen Geheimlehren und Selbsthypnose in einer Stadt beschäftigen zu sehen, die nach dem Sieg von 1870 das Walhall der Bierbrauer geworden war ..."

So reifte unser Dichter zum Guru und noch heute füllen seine Werke die Esoterik-Buchläden. Doch was ihn von anderen Gurus, die sich ja durchaus ernst nehmen, so überaus wohltätig unterscheidet, war sein Sinn für skurrilen Humor. Seine vielen, meist im „Simplicissimus" veröffentlichten Kurzgeschichten wurden von seinen chemisch-alchemistischen Kenntnissen beeinflußt, so jene, die er schon 1903 schrieb, in der ein verbrecherischer Chemiker durch bewußt bösartiges Anbohren von Erdölvorkommen die Welt abtötet, indem er alle Meere mit einer Schicht Erdöl bedeckt.

Die seinerzeitige biochemische Forschung verspottete der Gesuchte aber am schönsten in der Novelle „Schöpsoglobin", in der ein Eiweißimpfstoff aus dem Blut männlicher, aber chirurgisch korrigierter Schafe gewonnen wird. „... Passierte der von solchen Schöpsen gewonnene Impfstoff – das sogenannte Schöpsoglobin simplex A – überdies noch die Blutbahn von ein bis zwei Faultieren, so wurde er derart wirksam, daß er, auf jugendlich unbefangene Personen übertragen, in kürzester Zeit eine Art primären, patriotischen Kollers hervorrief. Bei erblich belasteten Individuen steigerte sich dieser Zustand in zwei Fällen sogar bis zur unbehebbaren progressiven Patriomanie ..." Das Schöpsoglobin wirkt in biologischer Feldforschung höchst bemerkenswert auf Affen: „... Von einem sicheren Versteck aus hatte (der Forscher) genau beobachten können, wie die Affen nach schier endlosem Geschnatter aus ihrer Mitte einen Anführer wählten – und zwar jenes Exemplar, das schon während seiner Gefangenschaft als gänzlich vertrottelt aufgefallen war – und ihm sodann Goldpapier, das sie in einer zertrümmerten Kiste gefunden hatten, auf das Gesäß klebten ...“ Eine solche fast schon prophetische Verhohnepipelung teutscher Führerkulte war in späteren – tausendjährigen – Zeiten nicht wohlgelitten. Dem Gesuchten wurde die Ehre zuteil, daß sich sein Name auf der Liste jener Autoren fand, deren Werke öffentlich verbrannt wurden.

Mord, Mord und nochmals Mord

Jedermann – natürlich außer Pharmazeuten – weiß, daß chemisch-pharmazeutische Laboratorien ihren Betreibern Wohlstand bringen. Daß die Arbeit in einem solchen Laboratorium auch mit innerem Gewinn verbunden sein kann, dürften dagegen nur wenige glauben. Aber gerade einen solchen Fall wollen wir hier betrachten: Während des ersten Weltkrieges wurde eine junge Engländerin aus gutem Hause – sie hatte Musik studiert – Krankenschwester im Dienste der Royal Army. Plötzlich bekommt sie eine schwere Grippe und als sie genesen zum Dienst zurückkehrt, steckt man sie, anfänglich gegen ihren Willen, in ein chemisch-pharmzeutisches Laboratorium:

„Eileen war meine Chemielehrerin und erwartete anfangs viel zu viel von mir. Sie begann mit der Theorie und nicht mit der Praxis. Plötzlich mit Atomgewichten und Steinkohlenteerderivaten konfrontiert zu werden konnte nur in völliger Verwirrung enden. Aber schließlich fand ich mich doch zurecht und begriff die einfacheren Fakten, und nachdem uns bei einer Marsh'schen Probe zum Nachweis geringster Arsenmengen unsere Kaffeemaschine explodiert war, machte ich doch recht gute Fortschritte ..."

Wie viele Chemietreibende hatte sie unter Geruchsbelästigung zu leiden: „... Ein Paria war ich 1816 bei manchen Gelegenheiten – meistens nach der Herstellung von Bip's Paste, mit der alle Wunden behandelt wurden. Sie bestand aus Wismut und Jodoform, die mit flüssigem Paraffin zu einer Salbe gemischt wurden. Der Duft des Jodoforms umgab mich im Laboratorium, auf der Straße, zu Hause, am Eßzimmertisch und im Bett. Um die Geruchsnerven meiner Familie zu schonen, ließ ich mir oft das Essen auf einem Tablett in der Speisekammer servieren. Gegen Kriegsende kam Bip's Paste aus der Mode und wurde durch harmlosere Präparate und schließlich durch riesige Korbflaschen mit hypochloriger Säure in verdünnter wässeriger Lösung ersetzt. Der Umgang mit dieser aus gewöhnlichem Chlorcalcium, Soda und anderen Grundbestandteilen hergestellten Säure bewirkte, daß ein scharfer Geruch von Chlor in alle Kleider eindrang ..."

Mit Überraschung registrierte unsere junge Elevin eine gewisse Sorglosigkeit älterer Kollegen:

„... Als Amateure in der Spitalarbeit bereiteten wir alle Arzneien mit äußerster Genauigkeit zu. Wenn der Arzt zwanzig Gran Wismutkarbonat für eine Dosis vorschrieb, bekam der Patient genau zwanzig Gran. Das war recht so, eben weil wir Amateure waren, aber ich kann mir gut vorstellen, daß ein Apotheker, der fünf Jahre studiert hat und einen akademischen Grad besitzt, sein Handwerk ebenso perfekt versteht wie eine gute Köchin das ihre. Mit größter Selbstverständlichkeit mischt er die Ingredenzien, ohne etwas abzumessen oder zu wiegen. Bei Giften oder gefährlichen Drogen ist er natürlich sehr genau, aber das harmlose Zeug kommt in ungefähren Mengen dazu. Ähnlich geht es auch mit Färbemitteln und Würzessenzen zu. Das hat hin und wieder die Folge, daß die Patienten zurückkommen und sich beschweren, weil ihre Medizin eine andere Farbe hat als das letzte Mal. ‚Sie ist immer dunkelrot, nicht so hellrot wie die da.' Oder: ‚Diese Arznei schmeckt nicht richtig; ich habe immer die Pfefferminzmischung – eine gute Pfefferminzmischung, nicht dieses widerliche süßliche Zeug.' ..." Auch Gewissensqualen über möglicherweise unsauberes Arbeiten blieben ihr nicht erspart:

„... Als Neuling hat man natürlich eine schreckliche Angst, einen Fehler zu machen. Ist einer Arznei Gift beigefügt, wird dieser Vorgang immer von einem Kollegen überprüft; trotzdem kann es Pannen geben. Ich weiß noch, was mir einmal passierte. An jenem Nachmittag hatte ich Salben zubereitet und zu diesen Zweck ein wenig reine Karbolsäure in einen Dosendeckel getan, um sie dann vorsichtig, mit einem Tropfenzähler der Salbe beizufügen, die ich auf einem Brett anrührte. Es war, glaube ich, drei Uhr früh, als ich erwachte und mich fragte: „Was habe ich mit der Karbolsäure im Dosendeckel gemacht?" Je mehr ich darüber nachdachte, desto weniger konnte ich mich erinnern, den Deckel ausgeleert und gewaschen zu haben. Hatte ich vielleicht einen anderen Salbentiegel damit verschlossen, ohne auf die Karbolsäure zu achten? ... Zu Tode erschrocken stand ich auf, zog mich an ... Ich ... überprüfte alle Salben, die ich angerührt hatte, nahm die Deckel ab und roch am Inhalt der Tiegel. Bis zum heutigen Tag weiß ich nicht, ob ich es mir nur einbildete oder nicht, aber in einem der Tiegel glaubte ich einen schwachen Geruch von Karbolsäure wahrzunehmen. Ich hob die oberste Schicht der Salbe ab und versicherte mich so, daß alles in Ordnung war ..."

Im übrigen teilte unsere Heldin die gängigen englischen Vorurteile gegenüber dem Kontinent:

„... Von den Prüflingen wurde erwartet, daß sie sowohl in den üblichen englischen Maßeinheiten als auch mit den metrischen Hohlmaßen und Gewichten vertraut waren ... Weder die Ärzte noch die Apotheker hatten viel für das metrische System übrig ... Die große Gefahr des metrischen Systems besteht darin: Wenn man sich irrt, irrt man sich gleich zehnfach ..."

Ganz besonderen Eindruck auf unsere Heldin machte ein älterer Apotheker, der sich seiner Elevin auch sonst etwas unschicklich zu nähern trachtete:

„... Er war ein sonderbarer Mann dieser Mr. P. Vielleicht wollte er nur Eindruck schinden, aber eines Tages nahm er ein schwärzliches Klümpchen aus seiner Tasche, zeigte es mir und fragte: ‚Wissen Sie, was das ist?'

‚Nein', antwortete ich. ‚Das ist Kurare', sagte er. ‚Ist Ihnen das ein Begriff?'... ‚Interessantes Zeug', sagte er. ‚Sehr interessant. Wenn man es schluckt, richtet es keinen Schaden an. Kommt es in die Blutbahn, lähmt und tötet es die Opfer ... Wissen Sie, warum ich es bei mir trage? ... Ja, wissen Sie', sagte er nachdenklich, ‚es gibt mir ein Gefühl der Allmacht.'

Ich betrachtete ihn. Er wirkte ein bißchen komisch, der rundliche kleine Mann mit seinem rosigen Vogelgesicht. Er erweckte den Anschein kindlicher Zufriedenheit. ... Trotz seines engelhaften Äußeren machte er den Eindruck eines möglicherweise gefährlichen Menschen ..."

Erlebnisse wie diese brachten unsere Heldin dazu; sich literarisch zu betätigen: „... Ich fing an, mir zu überlegen, welche Art Krimi ich schreiben könnte. Auf den Regalen rund um mich standen Gifte, und so war es vielleicht nur natürlich, daß ich einen Giftmord ins Auge faßte ... Der ganze Witz eines guten Kriminalromanes besteht darin, daß einer offensichtlich der Mörder sein muß, es aber ebenso offensichtlich aus irgendeinem Grund nicht sein kann. Obwohl er es natürlich ist. Nun begannen meine Gedanken sich zu verwirren, ich stand auf und machte zwei Extraflaschen hypochlorige Säure zurecht, um am Tag darauf mehr Zeit für mich zu haben ..."

An diesem Tag darauf schuf sie einen der unsterblichen Helden der englischen Kriminalliteratur, für die sie merkwürdigerweise die Gestalt eines belgischen Emigranten – bedingt durch die Ereignisse des 1. Weltkrieges – mit französischem Namen wählte. Jeder, der Kriminalromane liest, sollte spätestens jetzt unsere 1890 geborene Heldin erkennen. Dieses Rätsel ist so leicht, daß man eigentlich den Titel jenes ersten Kriminalromanes erfragen müßte, um es noch halbwegs zu erschweren.

Der Mann von „drüben“

„... Ich bin verwöhnt, ich kann mich nicht dazu bringen, Reichtum gegen Armut zu tauschen und Berühmtheit gegen Unbekanntheit. Auch ich habe es mit Arm und Reich versucht; und auch ich habe herausgefunden, daß reich sein besser ist ...“

Der Gesuchte, wir wollen ihn mit dem Vornamen seines zeitweiligen Pseudonyms „Paul“ nennen, war stets berühmt für seine starken Sprüche und für die Tatsache, daß Bescheidenheit nicht zu seinen stärksten Seiten gehörte. So hat er Ratschläge für Autoren verfaßt, in denen sich folgende bemerkenswerte Betrachtung findet: „...vielleicht sind Sie dann einfach kein Schriftsteller. Das ist keine Schande, Sie können ja noch immer eine etwas weniger anspruchsvolle Tätigkeit ausfüllen, wie etwa Gehirnchirurgie oder die Präsidentschaft der USA. Natürlich ist das nicht ganz so gut, aber zu den höchsten Gipfeln können wir eben nicht alle aufsteigen ...“ An diesem Ausspruch ist etwas Wahres: Präsidenten kommen und gehen, aber Pauls Ruhm hält nun schon einige Jahrzehnte.

Paul wurde 1920 als Sohn jüdischer Eltern in Petrowitsch in der Nähe von Smolensk geboren. Drei Jahre später wanderte die Familie in die USA aus und ließ sich in New York nieder, wo der Vater nach einigen beruflichen Mißerfolgen einen „Candy shop“ erwarb, den er zu einer „Candy-shop”-Kette ausbaute. Ein Candy-shop führte damals auch Zeitungen und Zeitschriften und die so gebotene Lektüre entführte Paul, der sich mit fünf Jahren das Lesen selbst beigebracht hatte, ins Reich der Phantasie. Die Eltern wünschten sich für ihren Sohn ein Studium der Medizin, dieser zog aber Chemie vor, und parallel zu seinen Studien begann er – anfänglich nicht immer erfolgreich – seine Laufbahn als Publizist. Dank seiner 1600 Seiten starken Autobiographie – die umfangreichste, die ein

Chemiker unserer Tage je verfaßte – wissen wir über ihn gut Bescheid. Sie enthält einen drolligen Bericht über einen kleinen Konflikt zu Beginn seiner Laufbahn:

„... Am 13. Februar, nachdem man mir mitgeteilt hatte, daß ich die Qualifyings bestanden hatte, und gleich nachdem ich mir den Schnurrbart abrasiert hatte (bedingt durch eine verlorene Studentenwette), besuchte ich C. in der besten Laune. Er war nicht da, aber K. T. händigte mir das Manuskript aus und über das Ergebnis konnte kein Zweifel bestehen. Auf das Manuskript war ein Fetzen Papier geklebt auf den C. „$CH_3CH_2CH_2CH_2SH$“ geschrieben hatte. Das war die Formel für Butylmercaptan. Diese Substanz ist die Ursache für den Gestank der Stinktiere. Ich hatte noch nie eine so kurze und vernichtende Zurückweisung erhalten, aber selbst dies konnte die Größe dieses Tages nicht mindern. Ich schrieb eine Antwort auf den Zettel: ‚Das nächste Mal wird es

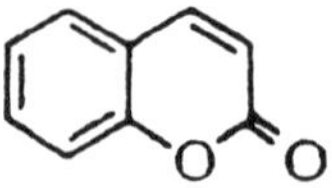

sein.‘

Das war die Formel für Cumarin, das frischgemähtem Heu seinen süßen und angenehmen Duft verleiht ...“

Pauls Schilderung seines Rigorosums wird vielen, die diese Prozedur noch vor sich haben, ein rechter Trost sein:

„... Am 20. Mai 1948 ging ich hin, um meinem eigenen Tode zuzusehen ... Es begann um 2 Uhr nachmittags, und ich hatte Schwierigkeiten zu essen. Ich war zwar völlig fertig, aber wenigstens war ich da. Es war klar, daß ich nach der zweiten Art reagieren würde, zwar nicht gelähmt, aber hysterisch. Ich lachte, als ich hinein marschierte. Ich stand auf und hielt meine Rede mit nur einem gelegentlichen Kichern, und dann begann die Fragerei ... Ein Bursche fragte mich, woher ich denn wüßte, daß das Kaliumjodid, das ich benutzt hatte, wirklich Kaliumjodid sei. Mein Impuls war, wahrheitsgemäß zu antworten, daß ich mir diese Frage nie gestellt hatte. Da stand eben Kaliumjodid auf dem Etikett und dies genügte mir. Eine düstere Ahnung warnte mich, daß dies die falsche Antwort sein könnte. Ich dachte kurz und scharf nach und sagte: ‚Well Sir, es löste sich so, wie Kaliumjodid es tut, es liefert Jod wie KJ und gab mir einen Endpunkt wie KJ, so gesehen war es eigentlich gleichgültig, was es war, oder?‘ – Das war eine gute Antwort.

Ein anderer Bursche fragte mich, wie ich wissen könne, daß das von mir benutzte Enzym tatsächlich der von mir angegebenen Pilzart entstammt. Ich sagte, daß sie im Lebensmittelgeschäft gekauft worden seien. ‚Wieso?‘ sagte er.

‚Agaricus campestris ist die einzige Art, die im Lebensmittelgeschäft verkauft wird!‘ ‚Wie konnten Sie sich dieses Sachverhaltes sicher sein?‘

Wieder mußte ich schnell denken: ‚Ich hatte keinerlei Zweifel Sir, ich hatte mich in einer Arbeit über Pilze vergewissert‘.‚Wessen Arbeit?‘ sagte er. Ich sagte scharf: ‚In Ihrer!‘

Das war eine schlechte Antwort. Er hatte eine solche Arbeit nie geschrieben. Ab einem bestimmten Punkt verpatzte ich Fragen, die ich nicht hätte verpatzen brauchen, so als ich den Unterschied zwischen einem Hormon und einem Vitamin durcheinanderbrachte ... Doch wirklich unfreundlich war keiner zu mir, und nach einer Stunde und zwanzig Minuten stellte Prof. H. die letzte Frage: ‚Was können Sie uns über die thermodynamischen Eigenschaften jener Substanz sagen, die als Thiotimolin bekannt ist?‘ Einen Augenblick war ich vom Blitz getroffen, dann schwappte die Hysterie, die ich die ganze Zeit bekämpft hatte, über mich herein, und ich brach in aufeinander folgende Anfälle hilflosen Gelächters aus, so daß man mich hinausführen mußte ...“

In späteren Jahren machte Paul die Literatur zu seinem eigentlichen Beruf. Fachleute behaupten, er habe über 250 Bücher geschrieben, jedenfalls so viele, daß sich in einer über ihn zusammengestellten Bibliographie die Feststellung findet: „Zur Vermarktung seines guten Namens hat er nicht wenig beigetragen, sie nimmt nur allmählich bedrohliche Formen an ...“ Er schrieb auch eine Geschichte der Chemie.

Seine Betrachtungen über die von der Biochemie beherrschte Zukunft des Menschen lesen sich recht bedrohlich: „... Es ist möglich, daß man irgendwann eine neue Option bei der Fortpflanzung entwickelt: Das existierende Individuum kann seine Gene pur reproduzieren lassen, ohne dabei andere Gene hinzuzufügen, wie es bei der geschlechtlichen Fortpflanzung unvermeidlich ist. Dieses Kloning könnte nützliche Funktionen erfüllen. Vom Aussterben bedrohte Arten könnten so gerettet werden. Ein Klon könnte vielleicht auch so entwickelt werden, daß er nicht ein komplettes Individuum nachbildet, sondern nur spezifische Organe. So könnte man Organbanken schaffen, die genetisch mit dem Menschen kompatibel wären, deren Zellkerne benutzt wurden. Organtransplantationen würden wesentlich leichter.. Kranke oder beschädigte Organe könnten durch andere, vielleicht geklonte Organe ersetzt werden ... Individuen sind bis zu einem gewissen Grad das Produkt ihrer Gene, und es könnte die Zeit kommen, in der Wissenschaftler das genetische Muster eines Individuums schon bei der Geburt oder vorher festlegen. Embryos würden im Labor anstatt in der Gebärmutter entwickelt, so daß man genetische Defekte beobachten und korrigieren könnte. Bei nicht korrigierbaren Fehlern würde der Embryo beseitigt. Auf diese Art könnten Erbkrankheiten vermieden werden, so daß sich eine gesündere und stärkere Menschheit entwickelte. Frauen wären von der absoluten Notwendigkeit befreit, ihre Körper periodisch in eine Gebärmaschine verwandeln zu müssen ... Mit fortschreitender Entwicklung des genetischen Ingenieurwesens könnte es möglich werden, Gene zu verändern und Genkombinationen hervorzurufen, die wünschenswerte Eigenschaften trügen ... Menschen könnten neue Eigenschaften angezüchtet werden, die Gesundheit und Glück steigern und uns damit die Entwicklung zu einer fähigeren und intelligenteren Rasse eröffnen“. (1981!)

Schauerliches aus Providence

Ein Bewunderer schilderte den Gesuchten: „Für mich ist jedoch X selbst interessanter als seine Erzählungen; er war seine eigene phantastischste Schöpfung – ein Roderick Usher oder August Dupin, der ein Jahrhundert zu spät auf die Welt gekommen war. Wie die Helden in Poes gigantischem Alptraum gefiel er sich als leichenhafte, geheimnisvolle Nachtgestalt – ein bleicher gelehrter Nekrologe ..."

Diesem Sonderling verdanken wie einen der meistgelesenen Romane unseres Jahrhunderts, für viele eine Art Kult-Buch. Es beginnt mit einem Zitat, das X einem Werk des Alchemisten Borellus entnommen hat. Paracelsus hat Ähnliches behauptet. Umberto-Eco-Kennern wird der zugrundeliegende Gedanke bekannt vorkommen: „Die essentiellen Salze von Tieren können dergestalt präpariert und konserviert werden, daß ein gewitzter Mann die ganze Arche Noah in seiner eigenen Studier-Stube zu haben und die vollkommene Gestalt eines Tieres nach Belieben aus der Asche desselbigen zu erwecken vermag; und vermittelst derselben Methode vermag ein Philosoph ... die Gestalt eines jeden toten Ahnen aus dem Staube zu erwecken, zu welchem sein Körper zerfallen ist." Daß dies tatsächlich auch so funktioniert, beweist der folgende Roman, dessen Hauptfigur so bekannt ist, daß wir diese hier nur Y nennen wollen. Schon zu Beginn der Story kommt Y abhanden: „Aus einer privaten Irrenanstalt aus Providence, Rhode Island, verschwand kürzlich eine höchst sonderbare Person ...", die im Winter 1919/20 eine auffallende Veränderung erlebt hatte, nachdem sie sich in die Geschichte ihres eigenen Ahnherrn Joseph Z vertieft hatte, der im März 1692 aus Salem gekommen war und der „fürchtete, man würde ihn wegen seines Einzelgängertums und seiner sonderbaren chemischen oder alchemistischen Experimente unter Anklage stellen". Für seine Umgebung völlig unerklärlich, alterte er nicht, obwohl er ein seltsames Interesse für Friedhöfe an den Tag legte. Seine Nachbarn wunderten sich über „die großen Mengen von Lebensmitteln, die man durch eine Tür verschwinden sah, hinter der nur vier Leute wohnten, und die Art der Stimmen, die man oft zu höchst unchristlicher Zeit in gedämpften Gespräch vernehmen konnte ..." Der Ahnherr Joseph Z war Kaufmann und Schiffseigner. Zuweilen verschwanden unerklärlicherweise einige seiner Matrosen. Wahrscheinlich wäre dies nicht weiter aufgefallen, wenn man nicht bemerkt hätte, daß Z gleichzeitig mit Mumien handelte: „... In den letzten fünf Jahren seines Lebens schien es, als hätte er sich durch direkten Kontakt mit längst Dahingeschiedenen einige der Informationen verschaffen können, die er dann im rechten Moment ohne Zögern auszuplaudern bereit war." Beherzte Männer bereiteten diesem Spuk ein gewaltsames Ende, und da sie zum Schweigen verpflichtet wurden, erfährt man nicht, welche Monstren sie zur Strecke brachten. Y wandelt nun chemisch auf den Spuren seines Ahnen: „... Auch die Gerüche, die gelegentlich aus seinem Laboratorium drangen, waren äußerst merkwürdig. Manchmal waren sie beißend und giftig, meist jedoch aromatische, geisterhafte, unbestimmbare Düfte, die die Macht zu besitzen schienen, phantastische Trugbilder hervorzurufen. Leute, die diese Gerüche wahrnahmen, hatten oft für einen flüchtigen Augenblick Visionen von überwältigenden Landschaften ..." Übrigens, die Asche wird als feiner, bläulich-grauer Staub beschrieben.

Für Leute, die das Buch und seinen sonderlichen Autor noch nicht kennen, mögen diese Zitate als Leseanreiz ausreichen. Von den anderen möchten wir den Namen des Autors, seiner Hauptfigur und auch die seines ebenso sonderbaren Ahnen wissen.

Auf der Suche nach dem Zeitgeist

Seine chemische Laufbahn hat der Gesuchte mit dürren Worten so beschrieben: „Ich wurde am 7. April 1924 in Wien geboren. Meine Eltern stammten aus Hamburg. Ich bin österreichischer Staatsbürger. Kindheit teils in Österreich, teils in England. Schulen und Studium in Wien. Ausbildung als „Chemo-Ingenieur" an der „Staatslehr- und Versuchsanstalt", Arbeit als Chemiker in einem „kriegswichtigen" Betrieb. Laboratorium zerstört. Brauche Arbeit ..."

Aus der Zeit nach dem „Endsieg" stammt eine chemiehistorische Betrachtung aus einem Werk des Gesuchten: „... Am 15. August 1946 wurde in der Kosmetikfabrik Troll die Produktion wieder aufgenommen. Mit einigen wenigen Arbeitern zunächst. Unter schwierigsten Bedingungen. Im September ging es schon besser. Durch seine Beziehungen zu den Amerikanern gelang es dem Geschäftspartner von Christine Troll, größere Mengen von Chemikalien zu beschaffen, die für die Produktion unentbehrlich waren. Im Oktober 1946 erzeugte die Fabrik bereits Seife, Hautcreme, ein Toilettenwasser und als Verkaufsschlager eine „Beauty Milk", die reißenden Absatz fand. Neue Arbeiter wurden eingestellt ..."

Die vom Gesuchten veröffentlichten Rezepturen sind eher profaner Art und reichen von „Aal in Salbei" über „Schweineschinken in Rotwein mit Selleriesalat und Salzkartoffeln" bis „Zitronen-Souffle" und lesen sich so:

„Rehrücken Baden-Baden: Man nehme einen abgehäuteten und gespickten Rehrücken, pfeffere und salze ihn, übergieße ihn mit kochendheißer Butter und schiebe ihn in den vorgeheizten Backofen. Man brate ihn unter fleißigem Begießen 45 bis 60 Minuten, das Fleisch muß aber noch saftig und am Knochen leicht rosa sein. Man nehme etwas Bratensaft, mache darin Ananasstücke, eingemachte Kirschen und frische Weinbeeren heiß, unterlege damit den Rehrücken. Man koche den restlichen Saft und den Bratenfond mit saurer Sahne zu einer Sauce auf, die man gesondert serviert.

Russische Creme: Man nehme pro Person ein Eigelb, einen Eßlöffel Zucker, rühre sie schaumig, füge Arrak oder Rum – auf drei Eier einen Eßlöffel voll – hinzu und gebe sehr steif geschlagene Schlagsahne darunter. Man verziere die Creme mit kleinen Makronen, die mit Arrak oder Rum getränkt wurden."

Der Gesuchte ist sehr berühmt. Vor einigen Jahren erschien in der „Zeit" folgende Personenbeschreibung:

„... Der Mann trägt einen gelben Rollkragenpullover ... Umgeben von schweren Stilmöbeln und goldenen Lüstern, wirkt er auf den ersten Blick etwas verloren: wie ein freundlicher Herr aus bescheideneren Verhältnissen, der sich in die große Welt verirrt hat und nun nicht recht weiß, was er mit seinem unverhofften Reichtum anfangen soll. Oft sieht er etwas verlegen aus ... Er ist nicht schön. Eine Hautkrankheit hat vor vielen Jahren sein Gesicht verwüstet. Man sieht die Spuren noch. Er trägt eine Brille mit einem dunklen, etwas zu schweren Gestell. Er flößt Vertrauen ein ..."

Dank der Presse wissen wir, daß sein Lieblingsmärchen der Froschkönig ist und: „... Schreiben ist so etwas wie ein Rettungsring für mich, eine Therapie ... Und wenn ich nicht schreibe, werde ich sofort krank ..."

So schrieb unser Chemieingenieur ziemlich viel im Laufe der Jahre, dem Neider früher „... eine mit Chivas-Regal geschmierte Schreibmaschine ..." bescheinigten. Er selbst – mittlerweile trocken – sah das selbst so: „... Meine größte Angst war bis dahin, es kommt der Weltkrieg, ich lebe noch und es gibt keinen Whisky mehr!..."

Der Gesuchte neigt zu Pessimismus: „Mein Weltbild ist unendlich düster ...", und so neigt er zu sibyllinisch-naturphilosophischen Zitaten, z. B. dem von Einstein: „Der Mensch hat wenig Glück", und er fügt hinzu: „Seit Einstein hat der Mensch noch weniger Glück". So behaupten seine Kritiker, seine Philosophie hielte die Balance zwischen „stern“ und Spinoza und zwischen Boulevard und Bloch.

1960 erhielt er übrigens einen ersten Preis bei dem Dramatikerwettbewerb des Nationaltheaters Mannheim.

Dem Gesuchten verdanken wir folgende Beschreibung eines gentechnologischen Laboratoriums: „... Der Japaner saß vor einem gewaltigen Würfel, der zur Gänze aus dicken Acrylglasscheiben gefertigt war. Er trug grüne Schutzkleidung und Mundschutz. Seine Unterarme und Hände steckten in langen Plastikstulpen, die tief in den Würfel hineinführten. Ihre Enden waren als Handschuhe ausgebildet. Auf einer großen Platte im Innern des Würfels lagen und standen Glasgefäße und -schalen sowie Objektträger für ein eingebautes Mikroskop, mit dem der Japaner arbeitete ... XY sah, daß er, während er sprach, bestimmte Materialien in Plastiktüten schob, die sich gleichfalls im Würfel befanden. Ein Apparat verschweißte die Tüten, danach glitten sie durch die Klappe eines Behälters. Über der ganzen Apparatur erblickte XY zwei große Aufkleber. Der eine zeigte schwarz auf weiß einen Totenkopf, der andere einen gelben Kreis mit drei schwarzen Ventilatorflügeln, das Warnzeichen für radioaktive Strahlung. Laboratorium zwölf war sehr groß. An langen Tischen arbeiteten sieben Männer und drei Frauen, alle in Schutzkleidung. Überall standen Mikroskope und Computerterminals, auf deren Schirmen Unmengen von Zahlen und Formeln in grüner Leuchtschrift erschienen. XY sah komplizierte Apparaturen, Schnabelkugeln, in denen Flüssigkeit brodelte, lange Kühlschlangen und Erlenmeyer-Kolben. Exhaustoren summten leise. Das Laboratorium war so überfüllt, wie die Arbeitstische es waren. Regale mit Chemikalien bedeckten die Wände, dazu riesige Kühlschränke, Mikrowellenherde und hohe Kästen mit elektronischen Geräten ...“

Die Beschreibung des Ausziehens eines Reagenzglases geriet dem Gesuchten zu einem kleinen Kunstwerk: „... Inzwischen hatte der Japaner einen Bunsenbrenner angezündet ... Er hielt das dünne Röhrchen über die Flamme des Bunsenbrenners, bis es in der Mitte zu schmelzen anfing. Im richtigen Moment machte er eine graziöse Schwungbewegung, die an Karajan gemahnte, wenn dieser in einem Konzert zum Einsatz aller Instrumente aufforderte, und das geschmolzene Glas glich nun einer langen, durchsichtigen Schnur, die allerdings immer noch auf der ganzen Länge hohl war. Diese Röhre hatte sich so verengt, daß kaum der Draht einer Heftklammer hineinpaßte. ‚Voilà, meine Rennstrecke!' rief er strahlend. In das winzige Röhrchen ließ er durch einen Trichter unterschiedliche Flüssigkeiten tropfen ... Er ging zu dem Phasenkontrastmikroskop. ‚Sehen Sie selbst, Madame!'..."

Die Zitate stammen übrigens aus einem, von der Kritik sehr gelobten Werk des Verfassers, das sich kritisch mit der Gen-Technologie auseinandersetzt.

Erotik im Labor

Man kann auch erfolgreich und berühmt werden, **obwohl** man Chemie studiert hat. Zum Trost für minder erfolgreiche und an ihrer Bestimmung zweifelnde Chemiestudenten sei es gesagt. Der hier Vorzustellende hatte nicht allzu tiefe Erinnerungen an sein chemisches Studium:

„... Ich lebte so sehr **neben** der Chemie, daß ich an diese Zeit nicht denken kann, ohne daß mir Gesichter und Gespräche einfallen, die nichts mit ihr zu tun haben ..." Nach dieser geradezu klassisch formulierten Feststellung ist wohl die Frage erlaubt, warum er wohl überhaupt Chemie studiert habe, und so fährt er fort:

„... Vielleicht war ein Grund für mein pünktliches Erscheinen im Laboratorium, für den regelmäßigen Besuch der entsprechenden Vorlesungen eben das Zusammentreffen mit so vielen jungen Menschen, die ich nicht eigens aufzusuchen brauchte, die von selber da waren. Ich lernte dadurch alle Einstellungen der Zeit nebenher und auf natürliche Weise kennen, ohne ein Wissens-Wesen daraus zu machen ..." Die hier konstatierte gesellige Funktion gerade des Chemiestudiums dürfte C4-Professoren eher erschrecken. Nun, das Chemiestudium des hier Gesuchten war eigentlich eine Art Opfer, denn er hätte ursprünglich Medizin studieren sollen, fand aber selbst, daß hierfür sein jüngerer Bruder begabter sei und wählte, um die Finanzen der Familie zu schonen, das – damals – kürzere Chemiestudium. Doch früh schon war die strenge Mutter mißtrauisch und dies nicht ohne Grund: „... Ich wurde ausgefragt, und ohne daß es gleich zu Beschuldigungen gekommen wäre, verrieten die Fragen Mißtrauen. War ich im Laboratorium gewesen oder hatte ich die Zeit in Vorlesungen totgeschlagen? ... Ich pflegte besonders von solchen Vorlesungen zu erzählen, die durch ihren Gegenstand nicht zu weit außerhalb allgemeiner Verständlichkeit lagen. Europäische Geschichte ... lag jedem näher als Pflanzenphysiologie oder Physikalische Chemie ... aus meinem eigenen Munde wurde ich verklagt: der Wiener Kongreß beschäftigt mich mehr als Schwefelsäure! ‚Du zersplitterst dich', hieß es, ‚so kommst du nicht weiter'. ... Ihre Zweifel waren berechtigt ... es war kein Opfer, denn ich studierte nicht wirklich Chemie mit der Absicht, einmal ein gut verdienender Chemiker zu werden. Das Vorurteil gegen Tätigkeiten, die man des guten Verdienens willen betrieb und nicht aus Gründen innerer Berufung, war unüberwindlich. Ich beruhigte die Mutter, indem ich sie glauben ließ, daß ich eines Tages als Chemiker in eine Fabrik gehen würde. Aber ich sprach nie davon, es war eine stillschweigende Annahme von ihr ..." Doch auch die Mutter hatte Skrupel: „... Sie hatte nicht vergessen, was im Krieg noch vor wenigen Jahren geschehen war, als Giftgase zur Anwendung kamen, und ich glaube nicht, daß es leicht für sie war, über diesen Aspekt der Chemie hinwegzukommen ..."

Zu allem Überfluß hatte unser Student eine Freundin, die der Mutter gar nicht gefiel. Um den mütterlichen Verdacht von seiner wahren Begleiterin abzulenken, flunkerte er der Mutter eine Beziehung zu seiner Laborplatznachbarin vor:

„... Ich hatte ihr von meiner Nachbarin im Laboratorium geschrieben, die mich an Dostojewski erinnere. Es sei eine wahre Wollust, mit ihr über ihn zu sprechen, ihretwegen ging ich sogar gern ins Laboratorium. Jetzt fiel ihr die Wendung wahre Wollust auf ... Sie dachte daran, daß ich den ganzen Tag im Laboratorium stand. Bei den langwierigen Prozeduren, die zur quantitativen Analyse gehörten, gab es unendlich viel Zeit zum Sprechen. ‚Siehst du die Eva manchmal', fragte sie jetzt, ‚deine Russin im Laboratorium?' ‚Ja natürlich, wir gehen doch fast immer zusammen essen, wenn wir gerade über Iwan Karamasow reden, den sie haßt, können wir nicht einfach aufhören. Dann gehen wir zusammen in die Schwemme der „Regina" essen und sprechen weiter darüber, dann die

Währingerstraße zurück ins Institut, und hören keinen Augenblick auf, und stehen dann wieder vor unseren Kolben' ..." Doch aus der Flunkerei wäre beinahe ernst geworden. Der heute Berühmte erinnert sich an seine einstige Labornachbarin: „... Sie wußte viele russische Gedichte auswendig, die sie mir gern vorsprach und ungern übersetzte. Sie war eine ausgezeichnete Studentin, und leichter als jedem ihrer männlichen Kollegen fiel ihr die physikalische Chemie. ‚Das ist das Leichteste', pflegte sie über Mathematik zu sagen, ‚sobald die Mathematik hereinkommt, wird es ein Kinderspiel'. Sie war groß und üppig, keine Frucht hatte eine Haut so verführerisch wie ihre. Während sie mit berückender Leichtigkeit mathematische Formeln von sich gab, so als gehörten sie zur Konversation – nicht feierlich etwa wie Gedichte –, wäre man ihr zu gern über die Wangen gestrichen, an die Brust, die sich bei unseren Wortzusammenstößen stürmisch hob, wagte man gar nicht zu denken. Vielleicht waren wir ineinander verliebt, doch da alles in einem Roman von Dostojewski und nicht in dieser Welt spielte, gestanden wir's uns nie, erst heute, nach 50 Jahren, erkenne ich an ihr wie an mir alle Zeichen der Verliebtheit. Unsere Sätze verwickelten sich ineinander wie Haare, Stunden um Stunden dauerten die Umarmungen unserer Worte, die langwierigen chemischen Verrichtungen ließen uns Zeit genug dazu ..." Ebenso hübsch wie seine Laborliebelei beschreibt der Gesuchte einen ehemaligen Lehrer: „... Mit dem dritten Semester wechselte ich aus dem alten, „verräucherten" Institut zu Anfang der Währingerstraße ins neue Chemische Institut Ecke Boltzmanngasse hinüber. Auf die qualitative Analyse der ersten beiden Semester folgte jetzt die quantitative, unter Anleitung von Professor Hermann Frei. Er war ein kleiner, schmächtiger Mann, der, ohne andere damit zu quälen, zu einem guten Teil aus Ordnungssinn bestand und sich so sehr zur quantitativen Analyse eignete. Er hatte behutsame, fast zierliche Bewegungen, führte einem gern vor, wie sich etwas auf besonders saubere Weise bewerkstelligen ließ, und schien, da es bei diesen Analysen um minimale Materie ging, kaum ein Gewicht zu haben. Seine Dankbarkeit für Gutes das er empfangen hatte, überstieg die landesüblichen Maße. Es war ihm nicht gegeben, seine Studenten mit wissenschaftlichen Sätzen zu beeindrucken, seine Sache war das Praktische, die eigentliche Verrichtung der Analyse, da war er geschickt und sicher und flink und hatte bei aller Zartheit etwas, das wie Entschlossenheit wirkte. Von seinen Äußerungen machten am meisten Eindruck seine Ergebenheitsbekundungen, die sich nicht selten wiederholten. Er war Assistent bei Professor Lieben gewesen, der ihn gefördert hatte, und berief sich manchmal auf ihn, aber nie anders als auf folgende emphatisch-umständliche Weise: ‚Wie mein hochverehrter Lehrer, Professor Dr. Adolf Lieben, zu sagen pflegte ...‘ Doch gab es eine Figur der Vergangenheit, die ihm noch viel mehr bedeutete, obwohl er seltener von ihr sprach und sie auch dann nie beim Namen nannte. Es war ein bestimmter, immer gleichbleibender Satz, in dem er sich auf sie bezog, und die Inbrunst, die seine kleine, schmächtige Person bei solchen Gelegenheiten erfüllte, war derart, daß man ihn dafür bestaunte, obwohl weit und breit im Chemischen Institut niemand war, der seinen Glauben teilte. „Wenn mein Kaiser kommt, rutsch ich auf den Knien bis Schönbrunn!“ ... Vielleicht hing es mit seinem hochverehrten Lehrer, Professor Dr. Adolf Lieben, zusammen, der einer angesehenen jüdischen Bankiersfamilie entstammte, daß Professor Frei nicht die geringste Animosität gegen Juden verspüren ließ. Er war um Gerechtigkeit bemüht und behandelte jeden nach Verdienst. Das ging so weit, daß er auch die Namen galizischer Juden nie anders aussprach als andere Namen, während es den einen oder anderen Assistenten gab, dem solche Namen unwiderstehlich komisch erschienen ...“

Trotz der inneren Feindlichkeit gegenüber der Chemie hielt unser Student durch: „... Im September 1929, als ich von einem zweiten Berlinbesuch nach Wien zurückkehrte, begann endlich etwas, das ich das „notwendige“ Leben nannte, ein Leben nämlich, das von den eigenen inneren Notwendigkeiten bestimmt war. Mit der Chemie war es aus, ich hatte im Juni promoviert und damit ein Studium beschlossen, das mir zum Aufschub gedient hatte und sonst nichts bedeutete ..." Der hier Gesuchte wurde übrigens mit dem Nobelpreis ausgezeichnet, allerdings nicht für Chemie!

Lösungen

Altertümliches und Alchemistisches:

Der Blick in eine düstere Zukunft

Der französische Astrologe Michel de Nôtredame (1503 – 1566), der sich „Nostradamus" nannte, Leibarzt König Karls IX. von Frankreich, ängstigte seine Zeitgenossen und spätere Generationen bis hin zur Gegenwart mit seinen „Centuries", einer Sammlung dunkler Prophezeiungen. Er schrieb aber auch über Medizinen und Konfitüren.

Ein spleeniger Gentleman

Sir Robert Boyle (1627 – 1691), Mitbegründer der Royal Society, gilt als der erste, der den Begriff des chemischen Elementes entwickelt hat. Er entdeckte einige Jahre vor Edme Mariotte (ca. 1620 – 1684) den Zusammenhang zwischen Druck und Volumen der Gase, das heute so benannte „Boyle-Mariottesche-Gesetz". 1661 erschien sein Hauptwerk „The sceptical Chemist". Ein Hinweis für geduldige Musikfreunde: Zur Zeit sind zwei Fassungen der Händel-Oper „Theodora und Didymus" im Handel, deren Libretto auf Boyles Roman zurückgeht.

Ein geplagtes Genie

Sir Isaac Newton (1643 – 1727) ist heute in erster Linie als englischer Physiker und Mathematiker bekannt und gilt als der

Begründer der klassischen theoretischen Physik und der Himmelsmechanik. Er untersuchte das Spektrum des weißen Lichtes und entwickelte unabhängig von Gottfried Wilhelm Leibniz (1646 – 1716) die „Fluxionsrechnung", eine Art Infinitesimalrechnung. Er entwickelte Methoden zur Bestimmung der Masse der Sonne und der Planeten und bereicherte die Physik durch die sogenannten „Newtonschen Axiome", die von ihm zusammengestellten Grundgesetze der Mechanik.

Ein großer Philosoph und eine Dame von herber Schönheit

Francois Marie Arouet (1694 – 1788), französischer Philosoph und Schriftsteller, nannte sich „de Voltaire" und war der wichtigste Repräsentant der französischen Aufklärung. Er setzte sich in zahlreichen Essays und Flugschriften für Toleranz, Menschenwürde und Aufklärung ein. Sein umfangreiches lyrisches, episches und dramatisches Werk wurde von humanitären Gedanken getragen und zeichnete sich durch eine vollendete und vorbildliche Sprache aus. Auch als Geschäftsmann war er außerordentlich erfolgreich und sah sich daher in der Lage, regierende Fürsten mit Krediten zu versorgen. Zusammen mit seiner vielseitig gebildeten Freundin Gabrielle Emilie Le Tonnelier de Breteuil, Marquise du Chatelet (1753 – 1794) unterhielt er auf Schloß Cirey in der Champagne ein chemisches Laboratorium.

Eine Flasche als Denkmal

Peter Woulffe (ca. 1727 – 1803) war Mitglied der Royal Society. Er scheint eine Art chemietreibender Privatier ohne eigentliches Amt gewesen zu sein. Im „Poggendorff" wird lapidar mitgeteilt: „In der letzten Zeit gestörten Geistes". Seine berühmte Flasche publizierte er 1767 in den „Philosophical Transactions": "Experiments on the destillation of acids, volatile alkali etc. showing how they may be condensed without loss, and how we may thus avoid disagreeable and noxious fumes." Ansonsten beschäftigte er sich vorzugsweise mit Pigmenten und organischen Farben.

Ein scharfzüngiger Physiker treibt Chemisches

Georg Christoph Lichtenberg (1742 – 1799) war Professor für Physik in Göttingen und betätigte sich als Schriftsteller. Noch heute tragen die „Lichtenbergschen Figuren", die unter bestimmten Bedingungen bei elektrischen Entladungen beobachtbar sind, seinen Namen. Berühmt wurde er durch seine ironisch geistvollen Aphorismen, die noch heute höchst vergnüglich zu lesen sind.

Die Welt der Technik:

Ein vielseitiger Erfinder

James Watt (1736 – 1819), englischer Ingenieur und Erfinder, begründete zusammen mit Matthew Boulton (1728 – 1809) eine Fabrik in Soho. 1765 entwickelte er die erste brauchbare Niederdruckdampfmaschine für größere Leistungen. Er konstruierte danach eine doppeltwirkende Dampfmaschine, in der der Dampf taktweise von beiden Seiten in den Zylinder einströmen und auf den Kolben wirken kann. Er erfand das „Wattsche Parallelogramm" zur Führung der Kolbenstange und den „Wattschen Fliehkraftregler" zur Konstanthaltung der Drehzahl einer Dampfmaschine. Daneben trieb er noch Chemisches. Später wurde die Einheit der Leistung im MKS-System nach ihm benannt.

Glitzer und Tand

Joseph Strasser, Goldschmied und Juwelier, der um 1810 den Straß erfunden haben soll, hat nie gelebt. Nie hat sich ein Originaldokument finden lassen, das seine Existenz bewiesen häte. Der wahre Erfinder der Diamantenimitationen „Pierres de Stras", die schon bereits vor der Mitte des 18. Jahrhunderts im Handel auftauchen, ist der aus Straßburg stammende Goldschmied George Frederic Stras (oder Straz) (1700 – 1773).

Pulver und Brandy

Eléuthère Irénée Du Pont de Nemours (1771 – 1834) war zunächst Buchhalter im Arsenal de France in Paris. 1788 trat er in die Pulverfabrik Essonne ein, wo er Assistent Antoine Laurent de Lavoisiers (1743, hingerichtet 1794) wurde. Ab 1791 arbeitete er in der Druckerei seines Vaters und übersiedelte mit diesem – die Familie war royalistisch – und der Familie in die Vereinigten Staaten, wo er 1802 die Pulvermühle „Eléutherian Mill" gründete. Dies war der Anfang der heute noch bestehenden Firma E. I. du Pont de Nemours.

Ein Frühvollendeter aus einer großen Familie

Paul Mendelssohn-Bartholdy (1841 – 1879) war der Sohn des Komponisten Felix Mendelssohn-Bartholdy (1809 – 1847) und Urenkel des großen Philosophen der Aufklärung Moses ben Menachem Mendel, genannt Moses Mendelssohn (1729 – 1786). 1857 begann Paul eine kaufmännische Lehre, um danach ab 1859 in Heidelberg sowie in Göttingen Chemie und Physik zu studieren. 1863 Promotion in Heidelberg. Zusammen mit Carl Alexander von Martius (1838 – 1920), einem Schüler von August Wilhelm von Hofmann (1818 – 1892), gründete er 1867 die Anilinfabrik in Rummelsburg bei Berlin, die 1873 mit der Farbenfabrik von Dr. Jordan in Treptow zur

Aktiengesellschaft für Anilinfabrikation, der „Agfa", fusionierte.

Ein brauner Saft

1886 hatte „Dr." John S. Pemberton die Idee, drei historisch-gewachsene Getränketypen zu einem einzigen „Medikament" zu vereinen. Er verband einmal Rezepturen für sogenannten französischen „Coca-Wein", einem alkaloidhaltigen Gewürzwein, der damals in Europa allgemein getrunken wurde – wenn man den seinerzeitigen Reklamen trauen darf, waren auch die damaligen Päpste begeisterte Benutzer –, mit den von phosphorsäurehaltiger „Gedächtnislimonade" sowie kohlensäurehaltiger Limonade. Veraschungsversuche an menschlichen Gehirnen hatten einen hohen Anteil an Phosphat erbracht, was zu dem physiologischen Glaubenssatz führte: „Ohne Phosphor kein Gedanke!". Der zuckerhaltige Sirup wurde anfangs in Fässern an „Drugstores" und „Soda-Fontains" geliefert, wo er mit kohlensäurehaltigem Wasser – einst entwickelt von Joseph Priestley (1733 – 1804) – verdünnt und getrunken wurde. Asa G. Chandler erwarb das Rezept 1888 für ganze 2.300 Dollar von dem kränkelnden Erfinder. Im Laufe der Zeit wurde das Getränk immer harmloser. Erst ließ man den Alkohol weg und dann, bis auf Coffein, alle Alkaloide. Mittlerweile ist im „Coca-Cola light" auch noch der Zucker verschwunden.

Hohe Spannungen und höchste Temperaturen

Henri Ferdinand-Frédéric Moissan (1852 – 1907) beschäftigte sich in seinen ersten Arbeiten mit Assimilationsvorgängen an Laubblättern. 1884 begann er mit seinen Arbeiten zur Fluor-Chemie, die ihn berühmt machen sollten. Als erstem gelang es ihm, einen Ofen zu bauen, in dem man 3500° C erreichen konnte. In diesem verdampfte er zuvor als unschmelzbar geltende Stoffe und stellte neue Carbide, Silicide und Boride her. In der Öffentlichkeit wurde er durch seine Verwicklung in ein Gerichtsverfahren bekannt. Ein Schwindler behauptete, er könne mithilfe eines Moissanschen Ofens Diamanten herstellen. Nobelpreis 1906.

Ein Genie der Technik

Der amerikanische Erfinder – über zweitausend (!!) angemeldete Patente – Thomas Alva Edison (1847 – 1931) betrieb 1882 das erste öffentliche Elektrizitätswerk der Welt in New York. Zu seinen zahlreichen Erfindungen gehörte die Verbesserung des Bellschen Telephons durch das Kohlenkörnermikrophon sowie die Erfindung des Phonographen und des Edison-„Akkumulators“ (Eisenhydroxid/Nickelhydroxid/Kalilauge). Er entwickelte das „Edison-Gewinde“ für Glühlampen, und er entdeckte den „Edison-Effekt“, die Emission freier Elektronen aus einem glühenden Draht.

Ein Wohltäter mit brisanter Vergangenheit

Alfred Nobel (1833 – 1896), schwedischer Chemiker und Industrieller, erfand das Dynamit und andere Sprengstoffe. Er verbesserte die Destillation des Petroleums und verdiente sich als äußerst erfolgreicher Industrieller ein für die damalige Zeit phantastisches Vermögen von zweiunddreißig Millionen schwedischen Kronen. Den größten Teil davon stellte er der Nobel-Stiftung zur Verfügung, die jeweils am Todestag Nobels, dem 10. Dezember, jedes Jahr in Stockholm die Nobelpreise vergibt.

Erotomane und Erfinder

Hermann Frasch (1851 – 1914) war der erste Chemiker, der sich speziell der Erdöl-Chemie widmete und der das erste Forschungsprogramm der Erdölindustrie in den Vereinigten Staaten leitete. Er entwickelte für stark schwefelhaltiges Erdöl ein Verfahren, durch Erhitzen mit leicht reduzierbaren Metalloxiden den Schwefel zu entfernen. 1880 – 1890 arbeitete Frasch an Versuchen, Schwefel ohne Niederbringung von Schächten aus tieferen Erdschichten zu fördern. Er entwickelte das noch heute nach ihm benannte „Frasch-Verfahren", in dem erhitztes Wasser in den Boden eingeleitet und der geschmolzene Schwefel durch Heißluft ausgetrieben wird. 1892 gründete er die „Union Sulfur Co." und war bis zu seinem Tode deren Präsident. So wurde er zum Schwefelkönig.

Politisches und Weltgeschichte:

Gesättigte Kohlenwasserstoffe und die Weltrevolution

Carl Ludwig Schorlemmer (1834 – 1892) war ab 1874 der erste Professor für organische Chemie am Owens College in Manchester, das dann zur Victoria Universität erhoben wurde. Schorlemmer hatte große Bedeutung bei der Überwindung der „Typentheorie" und der Einführung der „Strukturchemie" in die organische Chemie. Sein naturwissenschaftlicher und naturwissenschaftshistorischer Einfluß auf Karl Marx (1818 – 1883) und Friedrich Engels (1820 – 1895) machen ihn zu einer interessanten Nebenfigur der Weltgeschichte. Er verfaßte 1879 auch ein chemiehistorisches Werk: „The Rise and Development of Organic Chemistry".

Der große Sohn eines bedeutenden Vaters

Walther Rathenau (1867 – 1922) war seit 1915 Präsident der AEG, die 1883 sein Vater Emil (1838 – 1915) gegründet hatte. 1921 schloß er als Wiederaufbauminister der Weimarer Republik das „Wiesbadener Abkommen“ über die Realisierung der Reparationszahlungen und 1922, während der Weltwirtschaftskrise, als Außenminister den Rapallo-Vertrag. Rathenau verfaßte zahlreiche kultur- und wirtschaftsphilosophische Werke. Wegen seiner jüdischen Abkunft und seiner „Erfüllungspolitik“ von Rechtsradikalen verschrieen, fiel er einem Attentat zum Opfer. Robert Musil (1880 – 1942) schilderte ihn in seinem Roman „Der Mann ohne Eigenschaften“.

Politiker mit Ambitionen

Konrad Adenauer (1876 – 1967) war von 1917 bis 1933 Oberbürgermeister von Köln. Dies war auch die Zeit, in der er die meisten seiner Erfindungen tätigte. Von 1920 bis 1933 hatte er auch das Amt des Präsidenten des Preußischen Staatsrates inne. Im Dritten Reich wurde Adenauer mehrfach verhaftet. 1945 gründete er die CDU mit und wurde 1949 zum ersten Kanzler der Bundesrepublik Deutschland (1949 – 1963) gewählt, wobei er 1951 – 1955 gleichzeitig als Außenminister tätig war. Er prägte maßgeblich die deutsche Politik der Nachkriegszeit.

Eine energische Dame

Margret Hilda Thatcher (geb. 1925), Baronin T. of Kesteven (seit 1992), war von 1979 bis 1990 Premierminister Großbritanniens und fiel durch eine besonders rigide Wirtschaftspolitik – „Thatcherismus“ – auf, was ihr den Spitznamen „Eiserne Lady“ einbrachte. Wissenschaftliche Kreise in Großbritannien empfanden es als besonders schmerzlich, daß sie – wiewohl selbst Akademikerin – auch gegenüber wissenschaftlichen Institutionen und Hochschulen einen restriktiven Sparkurs steuerte, worauf eine besonders zornige Universität die ihr als Premierminister eigentlich zustehende Verleihung des Ehrendoktorates verweigerte.

Metallisches:

Ein Kinderfreund

Don Antonio de Ulloa (1716 – 1795) fand ein neues Metall, das er nach dessen erstem Fundort, „Platina del Rio Tinto" – zu deutsch: „Silberlein vom schwarzen Fluß" nannte. Bedingt durch die Seeherrschaft der Engländer war es aber ein nahezu legendärer Charles Wood, der als erster 1743 Platin an ausgewählte und wohlhabende Alchemisten und Chemiker verkaufte, unter anderem an die berühmteste Alchemistin des 18. Jahrhunderts, Jeanne de la Rochfoucault de Lascaris, Marquise d'Urfe und de Langeac (1705 – 1775), die versuchte, aus diesem Gold herzustellen. 1757 wurden ihre vergeblichen Experimente von Giacomo Girolamo Casanova (1725 – 1798) beobachtet und später in dessen Memoiren beschrieben. Seit 1889 wird das Meter durch einen Platin-Iridium-Stab definiert, der im „Bureau International des Poids et Mesures" in Paris aufbewahrt wird.

Ein bunter Vogel

Rudolf Erich Raspe (1737 – 1794), ein etwas verkommenes, aber vielseitiges Genie, wirkte zunächst als Bibliothekar und gab die Werke von Gottfried Wilhelm Leibniz (1646 – 1716) heraus, beschäftigte sich als Mineraloge und war der erste, der die Basaltsäulen vom „Giant Causeway“ in Nordirland und auf der Insel Staffa in Schottland als vulkanisch erkannte. 1768 beschrieb er als erster in einem Brief an die Royal Society – „A short account of some Basalt Hills in Hassia“ – erloschene Vulkane in Deutschland und wurde so zu einem der Pioniere des Plutonismus. Während seiner Zeit als Konservator der Sammlungen des Hessischen Landgrafen in Kassel betätigte er sich nebenher als Händler von Gipsabgüssen klassischer Kunstwerke. Kein geringerer als Goethe gehörte zu seinen Kunden. In späteren Jahren arbeitete er als Spion, Unternehmer und romantischer Dichter. Sir Walter Scott (1771 – 1832) setzte ihm in seinem Roman „Der Antiquar“ ein Denkmal. Raspes aristokratischer Freund war Hieronymus Karl Friedrich Freiherr von Münchhausen, aus dem Hause Rinteln Bodenwerder der Schwarzen Linie derer von Münchhausen (1720 – 1797), und der Urheber der deutschen Fassung des „Münchhausen“ war Gottfried August Bürger (1747 – 1794).

Ein spleeniger Brite

Der Arzt William Hyde Wollaston (1766 – 1828) war der wohl erfolgreichste Privatgelehrte aller Zeiten. Er erfand das Reflexionsgoniometer und die Durchleuchtungskammer zum Kopieren von Zeichnungen. 1803 entdeckte er die Metalle Palladium und Rhodium. Seine Metallurgie des Platins brachte ihm ein Vermögen ein, insbesondere die Anwendung von Platingefäßen zur Konzentrierung von Schwefelsäure. 1810 fand er in Blasensteinen das Cystin und damit die erste Aminosäure. 1814 schuf er den Begriff Äquivalentgewicht und entwickelte den chemischen Äquivalent-Rechenschieber. Bereits 1808 diskutierte er die Möglichkeit eines Tetraedermodells am Kohlenstoff. 1802 fand er die ersten, später nach Frauenhofer benannten Linien im Sonnenspektrum. Bei dem gefoppten Chemiker handelte es sich um Richard Chevenix (1774 –

1830), einem Privatgelehrten, Mitglied der Royal Society, aus einer aus Frankreich nach England emigrierten protestantischen Familie.

Forscher, um den wissenschaftlichen Fortschritt ringend:

Ein Dandy und Forellenfischer

Sir Humphry Davy (1778 – 1829) ging als junger Mann bei einem Chirurgen in die Lehre und wurde 1798 „Oberaufseher" am „Pneumatischen Institut", das sich die Erforschung des medizinischen Nutzens der Gaschemie zur Aufgabe gemacht hatte. Dort entdeckte er die berauschende Wirkung des „Lachgases". Ab 1801 wirkte er als Dozent und Direktor an der „Royal Institution" in London, danach wurde er Professor für Chemie. Mithilfe der Schmelzelektrolyse stellte er erstmals die Metalle Natrium, Kalium, Kalzium, Magnesium, Barium und Strontium dar. Er erkannte 1810 die damals angezweifelte elementare Natur des Chlors. Er verwarf die Behauptung, daß Sauerstoff das saure Prinzip der Säuren sei, und sah dieses im Wasserstoff. Er beschäftigte sich mit katalytischen Erscheinungen. 1815 entwickelte er die nach ihm benannte Sicherheitslampe für Kohlengruben. Sein großer Schüler war Michael Faraday (1791 – 1867).

Ein Liebhaber der Katzen und der Musik

Der von Franz Liszt (1811 – 1886) geförderte, frühimpressionistische, russische Komponist Alexandr Porfirjewitsch Borodin (1834 – 1887) war hauptberuflich Mediziner und Chemiker, Prof. in Petersburg. Er komponierte zwei Sinfonien in es-Dur und h-Moll, eine sinfonische Dichtung, Klavierkonzerte sowie die von Nikolai Andrejewitsch Rimski-Korsakoff (1844 – 1908) und Alexandr Konstantinowitsch Glasunov (1865 – 1936) vollendete Oper „Fürst Igor", aus der sich noch heute die „Polowetzer Tänze" besonderer Beliebtheit erfreuen. Als Chemiker war er Schüler von Nikolaj Nikolaewitsch Zinin (1812 – 1880) und Emil Erlenmeyer (1825 – 1909). 1861 entwickelte er die „Borodinsche Silbersalz-Decarboxylierung" und 1869 eine Methode zur Synthese von Fettsäurebromiden. Er setzte sich insbesondere mit Problemen der organischen Chemie auseinander.

Der farbigsten Einer

Otto Nikolaus Witt (1853 – 1915) wurde als Sohn eines Ministerialbeamten und Professors für Chemie in Petersburg geboren. 1866 zog seine Familie nach Zürich und nahm die schweizer Staatsbürgerschaft an. Es folgte ein Studium am Polytechnikum Zürich, dort Promotion 1875. Dann ging er als Dozent an der Chemieschule Mühlhausen, 1882 als Techniker nach England und wurde Mitentdecker des Chrysoidins. 1876 veröffentlichte er jene Arbeit, die noch heute unter der Bezeichnung „Wittsche Theorie der chromophoren und auxochromen Gruppen" berühmt ist: „Zur Kenntnis des Baus und der Bildung färbender Kohlenstoffverbindungen". 1879 war er bei Casella, Frankfurt, tätig, danach 1880 als Dozent an der Chemieschule in Mühlhausen, 1882 als wissenschaftlicher Direktor des Vereins chemischer Fabriken Waldhof und schließlich als Professor für chemische Technologie in Berlin.

Eine in jeder Hinsicht strahlende Familie

Marie Curie (1867 – 1934), geb. Sklowdowska, französische Chemikerin und Physikerin, erhielt 1903 zusammen mit ihrem Lehrer Henri Becquerel (1852 – 1908) und ihrem Ehemann Pierre Curie (1859 – 1906) für ihre Forschungen über Strahlungsphänomene und die Entdeckung des Radiums den Nobelpreis für Physik. 1911 folgte der Nobelpreis für Chemie für die Entdeckung der Elemente Radium und Polonium, die Reindarstellung des metallischen Radiums und die Untersuchung der chemischen Verbindungen dieses Elementes. Pierre Curie entdeckte die Piezoelektrizität der Kristalle. Nach P. Curie ist die magnetische Suszeptibilität umgekehrt proportional der Temperatur: „Curiesches Gesetz", dann forschte er über ferro- und paramagnetische Stoffe: „Curie-Temperatur" und „Curie-Weißsches Gesetz". Die Entdeckung der künstlichen Radioaktivität brachte 1935 Irène Joliot Curie (1897 – 1956), zusammen mit ihrem Ehemann Fréderic Joliot (1900 – 1958), den Nobelpreis für Chemie.

Zeichen am Himmel

Fritz Ullmann (1875 – 1939) promovierte 1895 in Genf. Gemeinsam mit seinem Lehrer entwickelte er die „Graebe-Ullmannsche-Carbazol-Synthese". Später war er Professor an der Technischen Hochschule Berlin. 1926 zog er sich in die Schweiz zurück, nahm die schweizer Staatsangehörigkeit an und widmete sich nahezu ausschließlich der 2. Auflage seiner „Enzyklopädie der technischen Chemie", deren 1. Auflage 1914 bis 1922 herausgekommen war. Wenigen Chemikern ist es so wie Ullmann gelungen, ihren Namen in „Namensreaktionen" zu verewigen: „Ullmannsche Diarylkondensation", „Ullmannsche Phenylanthranilsäure-Synthese", „Jourdan-Ullmann-Goldbergsche Acridon-Synthese", „Ullmannsche-Diarylether-Kondensation" und schließlich die „Ullmann-Fetvadjiansche Acridin-Ringsynthese".

Ein tragischer Sonderling

Der britische Mathematiker Alan Mathison Turing (1912 – 1954, Selbstmord) wirkte unter anderem in Cambridge und ab 1948 in Manchester; er arbeitete in den Jahren 1936 bis 1938 zusammen mit dem amerikanischen Mathematiker und Logiker Alonzo Church (geb. 1903) an der Princeton University. Dort entwickelte er seine Beiträge zu einer Theorie der Berechenbarkeit und zum Entscheidungsproblem sowie die später so benannte „Turing-Maschine" – bei der es sich um eine Art Theorie bzw. ein mathematisches Modell einer Rechenmaschine handelte. Zeitweilig widmete er sich der praktischen Entwicklung elektronischer Rechenanlagen. In seiner letzten Lebensphase verfaßte er eine Theorie der Morphogenese, in der er das Phänomen des organischen Wachstums als mathematisch ableitbare Folge chemischer Gesetzmäßigkeiten erklärte.

Ein leidenschaftlicher Motorradfahrer

Hans Fischer (1881 – 1945) kam als Sohn eines Farbstoffchemikers in Hoechst/Main zur Welt. Er promovierte 1904 in Marburg, dann Studium der Medizin in München und 1908 zweite Promotion in Medizin. 1915 wurde er Professor für medizinische Chemie in Innsbruck, 1918 in Wien und dann 1921 Professor für organische Chemie an der TH München. Er untersuchte systematisch die Derivate des Pyrrols und die Porphyrine. Ab 1926 Suche nach der Synthese des Porphyrins; 1929 gelang die Häminsynthese. 1930 erhielt er den Nobelpreis.

Lebenslust und die Chemie des Lebens

1964 wurde Feodor Lynen (1911 – 1979) mit dem Nobelpreis ausgezeichnet. Sein wissenschaftlicher Lebensweg verlief ausschließlich in München: 1942 Dozent, 1947 außerordentlicher

Professor, 1953 ordentlicher Professor für Biochemie, 1954 wissenschaftliches Mitglied und ab 1956 Direktor des Max-Planck-Institutes für Zellchemie in München. 1951 identifizierte er das Acetyl-Coenzym-A und erkannte dann dessen Schlüsselposition beim Fettsäureabbau. Er klärte die Rolle des Multienzymkomplexes Fettsäuresynthetase auf, dessen Struktur sowie den Verlauf der Fettsäuresynthesereaktion.

Psychodelische Welten

Der Direktor des „Pharmazeutischen Chemischen Forschungslaboratoriums Sandoz, Basel", Albert Hofmann (geb. 1906), untersuchte die Wirkstoffe der Meerzwiebel, der Rauwolfia und des Mutterkorns. Es gelangen ihm die Synthesen von Ergobasin, Ergotamin und Lysergsäurediethylamid (LSD) sowie die Isolierung und die Synthese von Psilocybin. Er befaßte sich mit den mexikanischen „Zauberdrogen" Teonacatl und Ololiuqui. 1979 erschien sein Buch „LSD – Mein Sorgenkind. Die Entdeckung einer Wunderdroge". Dieses Werk ist im Mai 1993 bei dtv/Klett-Cotta als Taschenbuch wieder erschienen.

Chemie im Spiegel der Literatur:

Eine empfindsame Seele

Jean-Jacques Rousseau (1712 – 1778) war einer der einflußreichsten Schriftsteller und Kulturphilosophen des 18. Jahrhunderts. Er hatte einen kaum zu überschätzenden Einfluß auf die spätere französische Revolution. 1762 erschien sein richtungsweisendes pädagogisches Werk „Emil oder über die Erziehung". Das Parlament von Paris verbannte ihn nach dem Druck von „Profession de foi d'un Vicaire savoiard". Er floh ins Ausland; 1766/67 lebte er in England und kehrte 1770 nach Paris zurück. 1781 erschien sein bedeutendstes Werk, die „Bekenntnisse“. Rousseau betätigte sich auch als Komponist und Musiktheoretiker.

Ein junger Arzt als Physiologe

Friedrich von Schiller (1759 – 1805) mußte 1773 bis 1780 auf Befehl des gestrengen württembergischen Herzogs Karl Eugen unter harten Bedingungen auf der hohen Karlsschule zunächst Jura und ab 1775 Medizin studieren. 1780 bis 1782 wirkte er als Regimentsarzt in Stuttgart. Nach der Uraufführung der „Räuber“ 1782 in Mannheim desertierte er. Seit 1789 unbesoldeter Professor für Geschichte in Jena. 1792 Ehrenbürger der Französischen Revolution. 1799 Übersiedlung nach Weimar und Freundschaft mit Goethe.

Whisky am Grabe eines trunkenen Dichters

Edgar Allan Poe (1809 – 1849) war der bedeutendste amerikanische Dichter der Romantik. Er war ein Meister der melodischen Versdichtung, düsterer Kurzgeschichten und romantischer Kriminal- und Schauererzählungen. Er gilt als virtuoser Sprachartist.

Auf der Suche nach dem Geheimnisvollen und der Zukunft

Jules Verne (1828 – 1905) begründete die damals neue literarische Gattung des auf wissenschaftlichen und technischen Fakten basierenden Zukunftsromanes. Nebenher verfaßte er auch Libretti für musikalische Werke und arbeitete seine Romane erfolgreich zu Dramen um, womit er die spätere Verfilmung eines Großteils seiner Werke erleichterte, beispielsweise „Die Reise um die Welt in achtzig Tagen“.

Von Wahnideen gehetzt

Der schwedische Dichter August Strindberg (1849 – 1912) erlebte eine harte Kindheit, studierte Medizin und arbeitete als Hauslehrer. Danach wurde er Schauspielschüler, Journalist und Schriftsteller und führte ein unstetes, von selbstquälerischem und selbstzerstörerischem Bekenntnisdrang gefährdetes Leben. Seine (später) erfolgreichen Dramen thematisieren meist die Spannung zwischen Mann und Frau. Seine alchemistischen Bemühungen sind häufig von Verfolgungswahn geprägt.

Kampf dem Bösen

Sir Arthur Conan Doyle (1850 – 1930) wurde in Edinburg als Sohn eines Kunstmalers geboren, besuchte Jesuitengymnasien und studierte anschließend Medizin. Bereits früh faszinierten ihn E. A. Poes Geschichten. Als Schiffschirurg fuhr er auf einem Walfänger zur See. Seine Arztpraxis brachte wenig ein, daher begann Doyle zu schreiben. Er schuf die legendäre Gestalt des Meisterdetektives „Sherlock Holmes“, den er in sechsundfünfzig seiner Erzählungen und in vier Romanen als chemietreibenden Privatgelehrten auftreten ließ. Daneben schrieb Doyle auch Science-Fiction-Erzählungen. Sein SF-Roman „The Lost World“ wurde ein Klassiker.

Ein Meister des Unheimlichen

Der österreichische Schriftsteller Gustav Meyer (1868 – 1932), der sich „G. Meyrink“ nannte, zunächst in Prag als Bankangestellter und Bankier tätig, später in Starnberg ansässig, zeitweilig Mitarbeiter des Simplizissimus, wurde durch satirische Erzählungen, gesammelt in „Des deutschen Spießers Wunderhorn“ (1913), und unheimlichen, phantastischen sowie okkulten Romanen wie „Der Golem“ (1915) und „Walpurgisnacht“ (1917) bekannt.

Mord, Mord und nochmals Mord

Die englische Kriminalschriftstellerin Agatha Christie (1890 – 1976) wurde durch ihre raffiniert aufgebauten Detektivgeschichten berühmt. Sie schuf unter anderem die schrullige Figur der „Miss Marple“. Ihre Werke waren so erfolgreich, daß es mittlerweile Doktorarbeiten über die von ihr in ihren Mordgeschichten verwendeten Gifte gibt und kunsthistorische Untersuchungen über die Einbände ihrer Bücher. Agatha Christie gab der ersten von ihr geschaffenen Detektivgestalt den Namen „Hercule Poirot“. Ihr erster Roman trug den Titel: „Das fehlende Glied in der Kette“.

„Der Mann von drüben“

Der amerikanische Biochemiker und Schrifsteller Isaac Asimov (1920 – 1992) war ein ungemein fruchtbarer Verfasser populärwissenschaftlicher Werke und der meistvermarktete Science-Fiction-Autor der jüngeren Literaturgeschichte. 1923 wanderte er zusammen mit seinen Eltern aus Smolensk in die USA ein. Er studierte Chemie, Promotion 1948, danach Professor für Biochemie an der Universität Boston. Seine Story „Nightfall“, 1941 in der Zeitschrift „Astounding“ erschienen, gilt nach Meinung seiner Fans als das beste, was je in diesem Genre geschrieben wurde. Die nicht enden wollende Liste seiner Werke umfaßt in biographischen Nachschlagewerken drei bis vier volle Druckseiten. Er benutzte zeitweilig das Pseudonym Paul French. Das C. in unserem Rätsel steht für den berühmten Science-Fiction-Autor und Herausgeber John Campbell (1910 – 1971) und K. T. für dessen Sekretärin Katherine Tarrant.

Schauerliches aus Providence

Howard Philips Lovecraft (1890 – 1937), ein weltabgekehrter Sonderling, gilt als Klassiker des Makabren, und seine unheimlichen Geschichten wurden in viele Sprachen übersetzt. Die hier vorgestellte Horrorgeschichte „Der Fall Charles Dexter Ward" spielt in Lovecrafts Heimatort Providence. Zu seinen Lebzeiten erschien nur eines seiner Werke: „Schatten über Innsmouth". Seine vierzig Kurzgeschichten und zwölf längere Erzählungen kreisen um den von ihm erfundenen „Cthulhu-Mythos".

Auf der Suche nach dem Zeitgeist

Der österreichische Schriftsteller, Journalist und Chemie-Ingenieur Johannes Mario Simmel (geb. 1924) verfaßte 1959 das Drama „Der Schulfreund" und von da an eine Fülle von Romanen. Simmel gilt als der meistgelesene deutschsprachige Romancier der Nachkriegszeit, als „Bestseller"-Autor schlechthin, stets bemüht, zeitnahe Themen in kritischer Betrachtungsweise abzuhandeln. Er schrieb auch Drehbücher, Novellen und Jugendbücher.

Erotik im Labor

Der als Sohn spanisch jüdischer Eltern in Rustschuk, Bulgarien, geborene Schriftsteller Elias Canetti (1905 – 1994) wurde durch einfühlsame Romane, beispielsweise „Die Blendung" (1936), sowie Dramen, Essays und kulturphilosophische Schriften berühmt. 1981 erhielt er den Nobelpreis für Literatur.

Fritz Haber
Chemiker,
Nobelpreisträger,
Deutscher,
Jude.
Eine Biographie
von Dietrich Stoltzenberg
1994. XIV, 671 Seiten mit 93 Abbildungen und
8 Tabellen. Gebunden. ISBN 3-527-29206-3
Die lange erwartete umfassende Biographie des
genialen und zugleich umstrittenen Chemikers.
Dieses Buch ist ein 'Muß' für Historiker
und Naturwissenschaftler sowie für alle, die sich
für die Geschichte Deutschlands im frühen
20. Jahrhundert interessieren.
VCH